CONSTRUCTION & MANŒUVRE

DES

BATEAUX & EMBARCATIONS

A

VOILURE LATINE

PÊCHE — BATELAGE — PILOTAGE — PLAISANCE

Bateaux Provençaux dits à Éperon.
Bateaux Toulonnais dits Rafiaus ou Pointus.
Gourses. — Barquettes. — Bettes.

Débit de la Membrure au moyen d'un seul Gabarit dit Gabarit de Saint-Joseph.

Notions sur la Manœuvre des Voiles latines.

Termes de Construction et de Marine en Idiome local.

PAR

JULES VENCE

Ingénieur, Inspecteur du Lloyd's Register à Marseille

PARIS

AUGUSTIN CHALLAMEL, ÉDITEUR

17, RUE JACOB

Librairie Maritime et Coloniale

1897

CONSTRUCTION ET MANŒUVRE

DES

BATEAUX ET EMBARCATIONS

A

VOILURE LATINE

CONSTRUCTION & MANŒUVRE

DES

BATEAUX & EMBARCATIONS

A

VOILURE LATINE

PÊCHE — BATELAGE — PILOTAGE — PLAISANCE

Bateaux Provençaux dits à Éperon.
Bateaux Toulonnais dits Rafiaus ou Pointus.
Gourses. — Barquettes. — Bettes.

Débit de la Membrure au moyen d'un seul Gabarit
dit Gabarit de Saint-Joseph.

Notions sur la Manœuvre des Voiles latines.

Termes de Construction et de Marine en Idiome local.

PAR

JULES VENCE
Ingénieur, Inspecteur du Lloyd's Register à Marseille

PARIS
AUGUSTIN CHALLAMEL, ÉDITEUR
17, RUE JACOB
Librairie Maritime et Coloniale

1897

PRÉFACE

Depuis de nombreuses années déjà, nous avions, dans un but de distraction personnelle, recueilli chez plusieurs constructeurs de bateaux en usage sur les côtes de Provence, diverses notes touchant les règles pratiques suivies par chacun d'eux pour la construction de ces bateaux. Ces règles pratiques ne figurent, que nous sachions, dans aucun ouvrage de bateaux ou d'embarcations paru jusqu'à ce jour.

En publiant ces notes, sur les sollicitations de la plupart de nos collègues de la Société nautique de Marseille, nous n'avons d'autre prétention que celle d'être utile aux ouvriers laborieux qui, pour augmenter leurs ressources, utilisent leur temps disponible à construire des bateaux.

Puissent ces notes leur éviter des tâtonnements et leur permettre à la fois de faire mieux et plus vite.

J. V.

Marseille, mai 1897.

CONSTRUCTION ET MANOEUVRE
DES
BATEAUX ET EMBARCATIONS
A
VOILURE LATINE

SOMMAIRE :

PLANCHES DANS LE TEXTE :

PLANCHES HORS TEXTE :

Planche 1. — Plan des formes d'un Bateau dit *à éperon*, employé à la pêche.

— 2. — Plan de voilure d'un Bateau dit *à éperon*, employé à la pêche.

— 3. — Plan des formes d'un Bateau dit *à éperon*, employé par les pilotes de Marseille.

— 4. — Plan des formes d'un *Rafiau* ou *Pointu*, employé par les bateliers toulonnais.

— 5. — Plan des formes d'un *Gourse*.

— 6. — Plan des formes d'une *Barquette*.

— 7. — Plan des formes d'une *Bette*.

— 8. — Plan de voilure d'une *Bette*.

CHAPITRE PREMIER

BATEAUX PROVENÇAUX

DITS *BATEAUX A ÉPERON*

A. — BATEAUX DE PÊCHE

Exposé général

Les bateaux généralement employés sur les côtes de Provence par les pêcheurs, les pilotes, les bateliers, le service de surveillance des Douanes et un grand nombre d'amateurs armés en plaisance, sont des bateaux portant un seul mât avec une voile latine et un foc.

La coque pointue à l'arrière, est coiffée sur l'avant d'une sorte de proue montée qu'on appelle ***éperon***, sans doute par analogie avec les anciennes galères. Cet éperon désigné quelquefois par dérision sous l'expression provençale de ***Mourré dé pouar*** (museau de cochon), donne à ces bateaux une physionomie toute locale ; l'éperon sert de dormant à l'amure de foc et facilite le débarquement ou l'embarquement des hommes lorsqu'on accoste une côte accore contre laquelle la houle empêche de faire travers. La façon très variée dont on peint les œuvres mortes ajoute encore à l'originalité d'aspect des bateaux dits *à éperon*, si appréciés par leur bonne tenue à la mer dans les coups de vent du nord-ouest *(Mistral)* qui sont si fréquents sur les côtes de Provence.

De nombreux bateaux latins, dits à éperon, sont installés pour la navigation de plaisance et certains d'entr'eux ont acquis une réputation dans les régates du littoral par leurs succès répétés.

Les constructeurs habituels de ces bateaux ne dressent pas de plans de forme et ne font aucun tracé en grandeur d'exécution. Ils débitent directement leur membrure au moyen d'un seul gabarit qui est le gabarit du maître-couple. Ce procédé qu'on désigne sous le nom de *gabarit de Saint-Joseph*, est décrit dans un chapitre suivant. Comme conséquence, il n'est fait aucun des calculs résultant habituellement du plan de formes et c'est par simples comparaisons pratiques que les résultats probables sont visés.

Nous avons fait avec soin le relevé des formes de la coque de plusieurs bateaux très appréciés dont nous avons ensuite dessiné le plan de formes.

Nous donnons deux de ces plans de formes.

Le premier (planche 1), est le type du bateau non ponté, employé pour la petite pêche, les bateliers et les petits bateaux de plaisance.

Le second (planche 2), représente un des gros bateaux de pêche dont les dimensions sont en usage par les pilotes de Marseille, le service de surveillance de la Douane et les plaisanciers. Ces bateaux sont pontés.

Proportions de la coque. — Dimensions principales et leurs relations

Longueur. — Il est demeuré dans l'usage de désigner la grosseur des bateaux dits *à éperon* par la longueur en *pans*. Le pan est de 0 m. 25. Cette longueur se mesure de la rablure de l'étrave à celle de l'étambot, au plat-bord.

On fait des bateaux depuis 16 pans jusqu'à 36 pans, c'est-à-dire de 4 à 9 mètres.

Largeur. — La largeur s'exprime encore en pouces anciens. Elle varie de 0,34 à 0,36 de la longueur pour des bateaux de 8 à 9 mètres et de 0,37 à 0,39 pour ceux de 4 à 5 mètres.

Creux. — Le creux comme la largeur s'exprime en pouces anciens. Il est compris entre 0,35 à 0,37 de la largeur pour tous les bateaux.

LONGUEUR		LARGEUR		CREUX		RAPPORT	
EN PANS	EN MÈTRES	MINIMUM	MAXIMUM	MINIMUM	MAXIMUM	De la largeur à la longueur $\frac{l}{L}$	Du creux à la largeur $\frac{c}{l}$
16	4m »	1m480	1m560	0m510	0m570	0.370 à 0.390	0.350 à 0.370
17	4 25	1 564	1 649	0 540	0 610	0.368 à 0.388	—
18	4 50	1 651	1 741	0 570	0 640	0.367 à 0.387	—
19	4 75	1 733	1 838	0 600	0 680	0.365 à 0.385	—
20	5 »	1 820	1 920	0 630	0 710	0.364 à 0.384	—
21	5 25	1 900	2 000	0 660	0 740	0.362 à 0.382	—
22	5 50	1 985	2 095	0 690	0 770	0.361 à 0.381	—
23	5 75	2 064	2 180	0 720	0 800	0.359 à 0.379	—
24	6 »	2 150	2 268	0 750	0 840	0.358 à 0.378	—
25	6 25	2 225	2 350	0 778	0 863	0.356 à 0.376	—
26	6 50	2 300	2 437	0 805	0 899	0.355 à 0.375	—
27	6 75	2 383	2 517	0 833	0 928	0.353 à 0.373	—
28	7 »	2 464	2 604	0 862	0 962	0.352 à 0.372	—
29	7 25	2 537	2 683	0 885	0 991	0.350 à 0.370	—
30	7 50	2 617	2 767	0 913	1 021	0.349 à 0.369	—
31	7 75	2 689	2 844	0 938	1 050	0.347 à 0.367	—
32	8 »	2 768	2 928	0 968	1 080	0.346 à 0.366	—
33	8 25	2 838	3 003	0 990	1 111	0.344 à 0.364	—
34	8 50	2 915	3 085	1 018	1 139	0.343 à 0.363	—
35	8 75	2 083	3 158	1 043	1 166	0.341 à 0.361	—
36	9 »	3 060	3 240	1 101	1 198	0.340 à 0.360	—

Le tableau ci-dessus donne les dimensions principales en usage, avec les écarts observés; les écarts proviennent de la pratique de divers chantiers ou de l'affectation des bateaux à différents services.

Profondeur de carène. — La profondeur de carène au maître-couple est d'environ les 0,36 du creux.

Franc-bord. — La hauteur de franc-bord à ce même maître-couple étant les 0,64 de ce même creux.

Tirant d'eau. — La différence de tirant d'eau sur l'arrière varie de 0 m. 007 à 0 m. 015 par mètre de la longueur du bateau.

La quille est droite.

Tonture. — La hauteur du plat-bord ou livet est donnée sur le maître-couple par la hauteur du creux. A l'avant la hauteur du plat bord sur l'étrave est de 1,35 le creux et sur l'étambot de 1,50 le creux. Ces rapports ne sont jamais dépassés.

La courbe passant par ces trois points et formant la tonture, est obtenue sur place par un moyen pratique que nous décrivons ci-après.

Etrave. — L'étrave, légèrement courbée, est élancée d'environ un huitième à un douzième de la longueur du bateau. Elle porte en saillie, l'*éperon* dont les proportions de détail seront indiquées plus loin.

Etambot. — L'étambot également recourbé comme l'étrave a une saillie qui varie d'environ un vingt-cinquième à un quarantième de la longueur du bateau.

Maître-couple. — Théoriquement, le maître-couple est au milieu de la longueur.

Dans les petits bateaux on fait le plus souvent un maître-couple à bord évasé, de manière à ce que la plus grande largeur se trouve au plat bord. Dans les bateaux de 6 m. 50 et au-dessus, la plus grande largeur est à environ la moitié de la hauteur du creux et à partir de ce point, la muraille est légèrement rentrante. Cette dernière forme est plus gracieuse.

Dans presque tous les cas et pour toutes les dimensions de bateaux, la varangue est plate ou avec un acculement insignifiant.

Echantillons des pièces composant la coque

Détermination de l'échantillon de membrure. — L'échantillon de la membrure sur le droit sert de point de départ pour les dimensions des bois de toutes les pièces composant la coque.

Dans ces bateaux, la membrure est toujours gabariée et sciée et non ployée à la vapeur; elle se compose d'une varangue et d'une allonge de chaque côté.

L'ancienne règle était de donner à l'échantillon de la membrure, sur le droit, que nous désignerons par E, *autant de lignes que le quart de la largeur du bateau contenait de pouces*. Cette proportion correspond à la largeur l du bateau $\times$ 0,02075.

Dans les bateaux légers on applique encore cette ancienne règle, mais dans la généralité des cas, nous avons trouvé que l'échantillon le plus usité correspondait à $l \times 0{,}022$.

Prenant comme mesure d'unité la dimension de E, échantillon sur le droit, on fait :

Membrure, sur le tour, à la varangue....... E $\times$ 1,2
— — au plat-bord......... E $\times$ 0,8
— croisement de la varangue avec l'allonge.. E $\times$ 7,00

Proportions des diverses pièces composant la coque. — Pour les autres pièces composant la coque, on fait généralement :

	LARGEUR	ÉPAISSEUR
Quille	E × 3,35	E × 1,25
Queira	E × 1,66	E × 1,25
Feuille bretonne	E × 1,00	E × 1,00
Bauquière	E × 1,75	E × 0,50
Bordé extérieur		E × 0,50
Plat bord		E × 0,50
Entremise sur les bancs	E × 3,00	E × 1,00
Bancs ordinaires	E × 3,00	E × 1,50
Banc du mât	E × 6,00	E × 1,50
Escasse du mât	E × 5,00	E × 1,66

Le tableau ci-contre (page 15) est dressé d'après ces proportions; il indique les dimensions des principales pièces des bateaux de 16 à 36 pans, c'est-à-dire de 4 à 9 mètres.

Détail d'exécution de la coque

(Voir coupes transversales, planche *A*.)

Quille. — La quille se fait d'une seule pièce, plus souvent en chêne qu'en ormeau; elle est réunie à l'étrave et à l'étambot par un écart simple tiercé sur la hauteur de la quille et, ayant pour longueur dix fois l'épaisseur de la quille.

Les têtes des écarts, au lieu d'être normales à la ligne droite formant le dessous de quille, sont normales au trait d'écart, qui est fait au tiers. Ces têtes sont ainsi inclinées sur l'avant du bateau et sont mieux encastrées l'une avec l'autre.

Les écarts de quille reçoivent deux chevilles à bout perdu rivées sur virole.

LONGUEUR EN MÈTRES	4 »	4 50	5 »	5 50	6 »	6 50	7 »	7 50	8 »	8 50	9 »
LONGUEUR EN PANS	16	18	20	22	24	26	28	30	32	34	36
	Millim.	Millim.	Millim.	Millim.	Millim.	Millim.	Millim.	Millim.	Millim.	Millim.	Millim.
Quille	116 × 44	125 × 47	135 × 50	150 × 56	155 × 59	165 × 63	180 × 68	188 × 71	200 × 75	210 × 79	220 × 83
Membrure	0,035	0,038	0,041	0,045	0,047	0,050	0,054	0,057	0,060	0,063	0,066
Queira	58 × 44	63 × 48	68 × 51	75 × 56	78 × 59	83 × 63	89 × 68	94 × 71	99 × 75	104 × 79	109 × 83
Feuille Bretonne	33 × 33	38 × 38	44 × 44	45 × 45	47 × 47	50 × 50	54 × 54	57 × 57	60 × 60	63 × 63	66 × 66
Bauquière	64 × 18	67 × 19	72 × 21	79 × 23	82 × 24	88 × 25	95 × 27	100 × 29	105 × 30	110 × 32	116 × 33
Bordé extérieur	17,5	19	20,5	22,5	23,5	25 »	27 »	28,5	30 »	31,5	33 »
Plat bord	17,5	19	20,5	22,5	23,5	25 »	27 »	28,5	30 »	31,5	33 »
Entremise entaillée sur les bancs	105 × 35	144 × 38	123 × 41	135 × 45	140 × 47	150 × 50	162 × 54	170 × 57	180 × 60	190 × 63	200 × 66
Bancs ordinaires	105 × 52	114 × 57	123 × 62	135 × 66	140 × 70	150 × 75	162 × 81	170 × 85	180 × 90	190 × 95	200 × 100
Banc du mât	210 × 50	228 × 57	246 × 62	270 × 66	280 × 70	300 × 75	324 × 81	340 × 85	360 × 90	380 × 95	400 × 100
Escasse du mât	175 × 58	190 × 63	205 × 68	225 × 74	235 × 78	250 × 83	270 × 89	285 × 94	300 × 98	315 × 104	330 × 110

Etrave et étambot. — L'étrave et l'étambot ont la même épaisseur que la quille. La largeur du tableau, parallèle à la rablure, est de même largeur également que celui de la quille. On les fait le plus souvent en bois de chêne du pays, pris dans une courbe de bois de fil. En dedans de la râblure, on laisse une certaine épaisseur de bois pour fixer les pièces formant apôtres, sur lesquels se clouent les abouts du bordé extérieur.

Maille. — Les mailles, ou intervalles entre les membrures, se faisaient uniformément de 7 pouces anciens, soit 0 m. 195 pour tous les bateaux, quelle que fut la longueur, c'est-à-dire de 4 mètres jusqu'à 9 mètres. Les mesures métriques employées de nos jours ont fait adopter 0 m. 20. D'autres constructeurs, pour obtenir plus de légèreté de coque, augmentent les mailles en raison de la longueur du bateau et donnent :

Pour L=4	mètres,	une maille de		22	centimètres
—	5	—	—	23	—
—	6	—	—	24	—
—	7	—	—	25	—
—	8	—	—	26	—
—	9	—	—	27	—

Pour que les mailles entre les allonges des couples soient uniformes, on rapproche la varangue des deux couples du milieu, de manière à ce que ces varangues se trouvent placées en regard l'une de l'autre.

La maille entre varangues, en cet endroit, se trouve donc réduite de toute l'épaisseur d'une varangue. Ceci revient à dire que les allonges des membrures de la partie avant sont placées sur l'avant de la varangue, et celles de la partie arrière sont placées sur l'arrière de la varangue.

On adopte cette disposition de façon à ce que, par rapport au plan de gabariage, les équerrages des membrures soient toujours passées en gras.

Membrures. — La membrure se fait généralement en bois de chêne blanc, dit chêne courbant de Provence. Par économie, mais assez rarement cependant, on fait des membrures en bois de pin maritime, dit pin du pays. La varangue et l'allonge dont le croisement est de sept fois l'échantillon sur le droit sont réunies ensemble par trois clous dont la pointe dépasse de 0 m. 01 environ à l'intérieur de la membrure pour être recourbée sur celle-ci.

Les membrures sont posées sans entaille sur la quille où elles sont fixées par un clou.

Détermination de la tonture. — Avant de placer le queira on détermine la tonture.

Nous avons déjà dit que la hauteur, depuis le dessus de quille, jusqu'au plat bord, à la position du maître-couple, étant 1,00, la hauteur à la rablure de l'étrave est de 1,25 et à la rablure de l'étambot de 1,50.

Le moyen pratique dont on se sert pour déterminer la courbure de tonture, consiste à tendre une ligne ou cordeau, du point fixé sur l'étrave et sur l'étambot aux hauteurs précédemment déterminées; on bornoie ce cordeau, de façon à ce qu'il corresponde avec le point fixé sur le maître-couple et on trace sur chaque couple le point ainsi donné par le cordeau. On arase à cette hauteur l'extrémité des membrures pour fixer le queira.

Queira (B, planche *A*). — Le queira, sorte de préceinte, s'applique directement sur membrures, formant saillie assez prononcée sur le bordé. On le fait généralement en bois de pin et on le pose sans entaille sur les membrures, où il est fixé par un clou recourbé en dedans. Extérieurement, et à partir de la moitié de sa hauteur, le queira est entaillé en pans coupés pour rencontrer l'épaisseur du bordé extérieur; ses extrémités sont réunies par des écarts, ayant pour longueur, l'intervalle de deux membrures, afin que l'extrémité de cet écart puisse être cloué sur celles-ci.

Le queira des bateliers porte souvent un fer demi-rond comme défense.

Feuille bretonne (C, planche *A*). — La feuille bretonne est la pièce placée à l'intérieur des membrures et qui fait face au queira; elle est entaillée sur les extrémités des membrures préalablement taillées en biseau jusqu'à toucher le queira. Un clou placé sur chaque membre réunit ensemble la feuille bretonne, la membrure et le queira.

Bauquière (D, planche *A*). — La bauquière, toujours en pin du pays, est fixée à chaque membrure par des clous dont un, au moins, est rivé sur la membrure.

Bancs (E, planche *A*). — Les bancs ordinaires sont en pin, reposant dans une entaille faite dans la bauquière. Le banc du mât dit *banc d'arboura*, est d'une épaisseur double de celle des bancs ordinaires, il est souvent en pin, quelquefois en chêne. Dans les bateaux au-dessus de 6 m. 50, le banc du mât est réuni à la muraille par deux courbes horizontales en bois placées, l'une sur l'avant, l'autre sur l'arrière dudit banc.

La largeur des bancs ordinaires varie de 0 m. 110 à 0 m. 200 et leur intervalle est régulièrement de 0 m. 750.

Entremise sur les bancs (F, planche *A*). — Faite en bois de pin, entaillée dans la membrure jusqu'à la rencontre du bordé extérieur.

Bordé. — Le bordé est fait généralement en bois de pin du pays, le gabord est fréquemment en chêne; les virures hautes, le gabord et sur-gabord vont de l'avant à l'arrière ; celles intermédiaires s'arrêtent à la rencontre desdites virures et font ce qu'on appelle des bordages de pointe. Le bordé est fixé aux membrures par deux ou trois clous en fer zingué, recourbés sur celles-ci.

Plat-bord (G, planche *A*). — Le plat-bord en pin, recouvre le queira et la feuille bretonne ; il reçoit les toletières et les fargues.

Cadeneaux avant et arrière. — Le cadeneau est une traverse en bois arrondi, toujours faite en chêne, qui est placée un peu en dedans de l'étrave et de l'étambot et qui s'entaille dans la feuille bretonne, quelquefois jusqu'au bordé. C'est le cadeneau qui, dans ces bateaux, tient lieu de bitte, soit pour les amarres de l'avant, soit pour celles de l'arrière.

Pont et demi-pont. — Le pont et le demi-pont s'installent sur les bancs, en plaçant au-dessus de ceux-ci des pièces en bois, de champ, dites fourrure, qui déterminent le bouge à donner à ceux-ci (H, planche *A*).

Les bordages sont des planches en bois de sapin de un pouce à un pouce et demi d'épaisseur.

La différence entre le pont et le demi-pont se trouve déterminée par la largeur de la longue écoutille qui reste au milieu du bateau. Sur les bords de cette écoutille, se place une sorte d'hiloire qui, pour les bateaux pontés, sert de feuillure aux panneaux dont on recouvre l'écoutille.

Fargues (I, planche *A*). — Tous les bateaux provençaux, dits *à éperon,* portent des fargues de hauteurs égales depuis l'extrémité avant jusqu'à la naissance du coqueron arrière.

Nous avons observé que la hauteur des fargues, qui est de 0 m. 11 à 0 m. 115 pour les plus petits bateaux, augmente de 23 à 24 millimètres pour chaque mètre de longueur du bateau.

On a ainsi :

LONGUEUR DU BATEAU	HAUTEUR DE LA FARGUE	LONGUEUR DU BATEAU	HAUTEUR DE LA FARGUE
4 m »	0 m 113	6 m 50	0 m 172
4 25	0 120	7 »	0 183
4 50	0 125	7 50	0 195
5 »	0 137	8 »	0 207
5 50	0 148	8 50	0 219
6 »	0 160	9 »	0 230

L'épaisseur des fargues varie de 0 m. 015 pour les petits bateaux, à 0 m. 025 pour les plus grands.

Les fargues sont inclinées vers l'axe du bateau de un sixième de leur hauteur.

Macarons (J, planche *A*). — Les macarons des fargues sont en pin ou en chêne. Entaillés à tenon dans le plat bord, ils ont même hauteur que la fargue et viennent à fleur de celle-ci du côté extérieur du bateau. Les macarons portent sur le côté une rainure triangulaire dans lesquelles glissent et se maintiennent les fargues mobiles qui se trouvent par le travers des tolets.

Les macarons des fargues doivent se trouver, autant que possible, à la position des bancs.

Éperon. — L'extrémité de l'étrave est coiffée d'une sorte de guibre ou proue montée qu'on appelle *éperon*, sans doute par analogie avec la proue des anciennes galères (figure 1).

Le but actuel de l'éperon n'est pas seulement de coiffer l'avant du bateau et d'obéir à une mode locale. L'éperon sert de dormant à l'amure de foc et facilite l'embarquement ou le débarquement des hommes lorsqu'on accoste un quai vertical ou une côte accore contre laquelle la houle empêche d'accoster par le travers.

L'éperon proprement dit se place à la partie inférieure du queira en suivant le prolongement de la ligne de tonture de celui-ci. Les deux pièces qui le forment sont réunies, à leur bout extérieur, par un petit cercle en fer, de forme carrée entaillé dans l'épaisseur du bois.

Voici le nom des diverses parties qui composent l'ensemble de l'éperon.

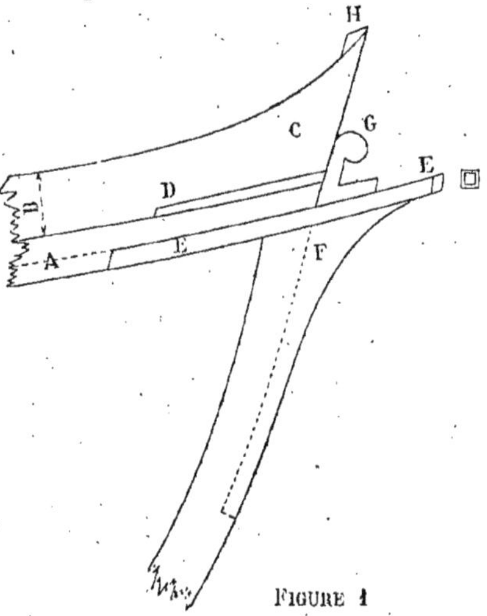

FIGURE 1

A. Cordon préceinte..........	*Queira*
B. Fargue....................	*Faouco*
C. Fargue extrême avant......	*Faoucounéou*
D. Moustache.................	*Moustacho*
E. Eperon....................	*Espéroun*
F. Taille-Mer................	*Taillo-Mar*
G. Colimaçon.................	*Caragoou*
H. Sommet de l'étrave........	*Capien*

L'extrémité du capien porte une échancrure, pour maintenir l'amure de foc qui est capelée sur l'éperon.

Nous avons relevé les diverses proportions de l'éperon sur un grand nombre de bateaux faits par des constructeurs et des charpentiers spécialistes et renommés. Nous donnons ces proportions dans la planche *B* en indiquant dans le tableau suivant l'écart que nous avons trouvé.

SIGNAUX	RAPPORT MINIMUM	RAPPORT MOYEN	RAPPORT MAXIMUM
A	1 »	1 »	1 »
B	2,07	2,25	2,55
C	1,86	1,95	2,07
D	2,68	2,76	2,88
E	2,70	3,23	3,90
F	2,10	2,60	2,80
G	1,06	1,20	1,32
H	0,92	1 »	1,05
I	0,25	0,30	0,35
J	0,20	0,24	0,27
K	0,13	0,15	0,16
L	0,48	0,55	0,62
M	0,30	0,34	0,37
N	0,35	0,39	0,45
O	0,30	0,31	0,32
P	0,24	0,27	0,29
Q	0,32	0,42	0,48
R	0,16	0,21	0,24
S	0,21	0,26	0,32
T	0,23	0,27	0,33
U	3,50	4,40	5 »
V	4,50	5,85	6,50

Clouaison. — La clouaison se fait en fer, par des clous dits *clous à numéros*, vendus par sacs de cinquante clous; employés noirs autrefois, ils sont actuellement étamés ou plus souvent galvanisés.

Les trous destinés à les recevoir sont percés au moyen de deux tarières de différent diamètre pour faire la part de la conicité : ils doivent entrer forcés; leur tête se noie toujours dans l'épaisseur du bois et dans une sorte de fraisure, faite d'avance dans ce but, au moyen d'une gouge.

Chaque empatement de membrure ou croisement de la varangue avec l'allonge, reçoit trois clous à chaque virure du bordé, lorsque sa largeur est au-dessus de 0 m. 15 à 0 m. 16, il reçoit également trois clous sur chaque membre.

Pour la clouaison des empatements des membres et pour celle des bordages extérieurs sur les membres, la longueur du clou est supérieure aux deux épaisseurs de bois que celui-ci réunit ; la pointe dépasse de 0 m. 012 à 0 m. 015 à l'intérieur, pour être, disent improprement les charpentiers, rivée sur le bois, c'est-à-dire rabattue ou recourbée. Ce rabattement se fait toujours dans le sens du fil du bois.

Les écarts, dans les pièces de quille avec l'étrave ou l'étambot, sont réunis chacun par deux chevilles cylindriques rivées sur viroles, en outre d'un bout perdu, placé à chaque extrémité des écarts.

Chaque membre est fixé sur la quille par un clou ayant au moins pour longueur deux fois et quart la hauteur de la membrure en cet endroit.

Quelquefois la membrure dite *maître couple* est réunie à la quille par une cheville rivée à la fois sur membre et sur quille.

Les autres parties de la clouaison, faites suivant les données ci-dessus, ne présentent aucune particularité.

Nous donnons ci-dessous le tableau du poids des clous employés dans la construction de ces bateaux.

CLOUS BARQUE, EN FER ZINGUÉ

DÉSIGNATION par Numéro	LONGUEUR en millimètres sous la tête	POIDS de 100 clous
10	35 mill.	0k 300
20	55	0 400
30	65	0 500
40	75	0 850
50	80	1 250
60	85	1 350
70	100	1 600
80	105	1 800
90	110	2 300
100	120	2 500
120	130	3 100

Calfatage. — Le calfatage des bateaux neufs se fait à deux étoupes.

Les coutures des œuvres-vives sont généralement brayées en même temps que toute la carène, et les coutures des œuvres-mortes sont mastiquées.

PROCÉDÉ D'EXÉCUTION DE LA MEMBRURE

au moyen d'un seul gabarit, dit *GABARIT DE SAINT-JOSEPH.*

Pour éviter de faire un tracé complet et de confectionner un gabarit pour l'exécution de chaque couple de la membrure, les constructeurs des bateaux provençaux se servent d'un seul gabarit qu'ils nomment *Gabarit de Saint-Joseph.*

Ce gabarit n'est autre que celui du maître-couple; il sert, au moyen de certains repères, à gabarier la membrure sur une longueur variant de 0,33 à 0,40 de la longueur totale du bateau au milieu.

Les membres extrêmes avant et arrière sont cueillis en place, suivant des fausses lisses, comme des couples de remplissage.

La grande pratique que les charpentiers constructeurs ont de ce procédé, ne les empêche pas, avec ce seul gabarit, de faire varier notablement le rapport des dimensions principales de l'embarcation, ainsi que ses formes.

Ils allèguent qu'ils économisent ainsi les frais relativement coûteux d'un plan de formes, d'un tracé en grandeur d'exécution et de la confection de nombreux gabarits de la membrure qui, s'ils étaient conservés, pour servir à refaire au besoin une même embarcation, formeraient pour eux un matériel encombrant. Ce sont ces principales considérations, qui ont bien leur valeur vis-à-vis du bon marché qu'on leur demande, qui les conduisent à conserver l'usage d'un seul gabarit de membrure, que les charpentiers, sans doute à cause de la simplicité de ce procédé primitif, qualifient du nom de *gabarit de Saint-Joseph*, Saint Joseph étant le patron des charpentiers.

Les gabarits qui forment l'ensemble du procédé du *gabarit de Saint-Joseph* sont :

1° Le gabarit du maître-couple.

2° — de l'étrave.

3° — de l'étambot.

4° — des extrémités du contour avant et arrière du plat-bord.

Ces trois derniers ne sont pas obligatoires et peuvent ne pas être faits.

Ces seuls gabarits suffisent à la confection des bateaux de même genre variant jusqu'à 1 mètre de longueur et 0 m. 20 de largeur de l'un à l'autre.

Chaque constructeur possède un jeu de ces quatre gabarits pour chaque type de grosseur de bateau qu'il est fréquemment appelé à construire.

Comment on obtient le gabarit de Saint-Joseph. — Il est évident que pour obtenir le jeu complet du gabarit de Saint-Joseph, *alors qu'on le crée*, on doit faire un tracé plus ou moins complet en grandeur naturelle du bateau dont les dimensions principales sont posées. Les tracés les plus réduits comprennent l'étrave, l'étambot, le contour horizontal du plat-bord et le maître-couple.

La membrure, préalablement divisée sur la ligne droite représentant le dessous de quille, est réunie ou raccordée par une section verticale passant par le point d'acculement de la varangue, soit au quart de la largeur du bateau.

Quelquefois, mais le plus rarement, on trace une lisse de balancement, passant par le milieu du genou au maître-couple.

On obtient ainsi le tracé des membrures à faire avec le gabarit de Saint-Joseph.

C'est alors qu'on a soin de relever sur ce tracé et de porter ensuite sur le gabarit du maître-couple les points qui doivent servir pour le gabariage des autres couples, et c'est ce gabarit du maître-couple, gabarit de Saint-Joseph, qui, au moyen des divers repères qu'il porte, sert comme une sorte de pièce de raccord pour exécuter la membrure sur une longueur comprise entre 0,33 et 0,40 de la longueur du bateau au milieu. Une tablette, qui a pour largeur la largeur de la quille, sert à indiquer la hauteur d'acculement correspondante à chaque couple.

Les équerrages des membrures au plat-bord sont relevés sur le tracé et portés sur cette même tablette. Lorsqu'il n'a pas été tracé une lisse de balancement passant par le genou, on applique au genou les mêmes équerrages qu'au plat-bord. Près de la quille on les passe à l'équerre ; la différence assez faible qui existe entre ces équerrages approximatifs (qui se trouvent en gras) et ceux à donner exactement est rattrapée par le dolage.

En résumé, on extrait une fois pour toutes d'un tracé qui est plus ou moins complet :

1° Un gabarit de l'étrave. — Ce gabarit a pour largeur la largeur du tableau de l'étrave, afin de permettre de gabarier en même temps le trait extérieur et celui du centre de rablure.

Il porte également la forme de l'écart, qui doit réunir l'étrave à la quille et indique le point déterminant la hauteur du plat-bord.

2° Un gabarit de l'étambot. — Ce gabarit est fait comme celui de l'étrave. Il sert à déterminer en même temps le trait extérieur, le trait de rablure, l'écart de quille et la hauteur du plat-bord.

3° **Le contour horizontal des extrémités avant et arrière du plat-bord.** — Ces gabarits servent de lisse de pose pour déterminer la largeur au plat-bord des membres extrêmes. Ils s'appliquent sur l'étrave et sur l'étambot, et sont réunis et raccordés dans la partie du milieu par une lisse placée sur les membrures déjà obtenues par le gabarit de Saint-Joseph.

4° **Un gabarit du maître-couple.** — C'est ce gabarit qui est particulièrement désigné sous le nom de *gabarit de Saint-Joseph*. Il a pour largeur la largeur de la membrure, c'est-à-dire la dimension de l'échantillon sur le tour, afin qu'il serve pour gabarier en même temps les traits intérieur et extérieur du couple (Voir figure 2).

On laisse la varangue dépasser l'axe d'une certaine longueur, afin d'avoir un peu de croisement pour la facilité du gabariage.

Les indications portées sur ce gabarit sont :

1° L'axe vertical du bateau CD ;

2° La distance à partir de cet axe CD de la quantité dont chaque couple doit rentrer, en raison de la diminution de largeur au plat-bord.

Ces points sont indiqués sur la varangue du gabarit par les numéros 1, 2, 3, 4, 5 et 6 avant ou arrière représentant chacun l'axe du bateau par rapport au couple considéré ;

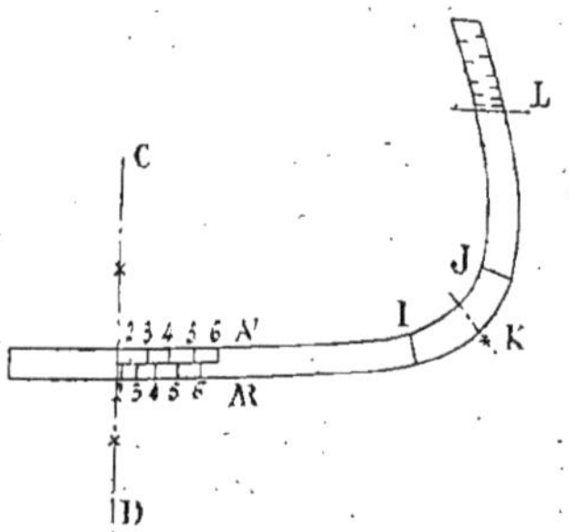

FIGURE 2

3° Le point d'aboutissement J de la varangue sur l'allonge et celui I de l'allonge sur la varangue. L'intervalle entre ces deux points forme la longueur de la croisure de la varangue et de l'allonge, qui est égale à sept fois l'échantillon de la membrure sur le droit. La position de ces points I et J n'a rien de rigoureux et n'est dictée que par l'économie des bois;

4° Un point K placé dans la partie la plus arrondie du genou. Ce point sert de repère pour le raccordement à opérer entre varangue et allonge dans les variations à imprimer au gabarit pendant le gabariage des bois;

5° Les hauteurs du plat-bord L aux différents couples;

5° La tablettes des acculements. — Cette tablette a la largeur de la quille afin de donner, pendant le gabariage, la position de l'encolure de la varangue.

Une de ces faces est divisée en deux parties indiquant, une pour l'avant, l'autre pour l'arrière, la hauteur dont le gabarit du maître-couple doit être remonté au-dessus de la quille pour chaque couple considéré. L'autre face porte les équerrages et l'indication des quantités dont il faut baisser, pour chaque couple, l'extrémité de l'allonge pour son exact raccordement avec la varangue. Cette tablette est représentée dans la figure 3.

Comment on se sert du gabarit de Saint-Joseph. — Pour mieux juger de la manière dont on se sert du gabarit de Saint-Joseph, traçons un couple sensiblement éloigné du milieu. Prenons, par exemple : le 6 avant (figure 3).

AB étant le dessus de la quille et CD l'axe vertical du bateau au 6 avant.

Il faut :

1° Au moyen de la tablette des acculements placée sur l'axe CD, marquer la hauteur EF dont on doit remonter le gabarit par rapport au-dessus de la quille pour le 6 avant.

2° Avec cette même tablette, tracer les lignes EF et GH représentant les côtés de la quille.

3° Placer le gabarit à la hauteur des acculements sus-indiqués.

4° Tracer les contours intérieur et extérieur du gabarit en repérant les points I, J qui déterminent le croisement de la varangue et de l'allonge, et le point K qui indique le point de raccordement entre ces deux parties du nouveau couple et qui, autrement dit, est comme le point de pivot de ce gabarit. Ce point K est arbitraire et peut varier un peu pour plus de régularité dans le raccordement.

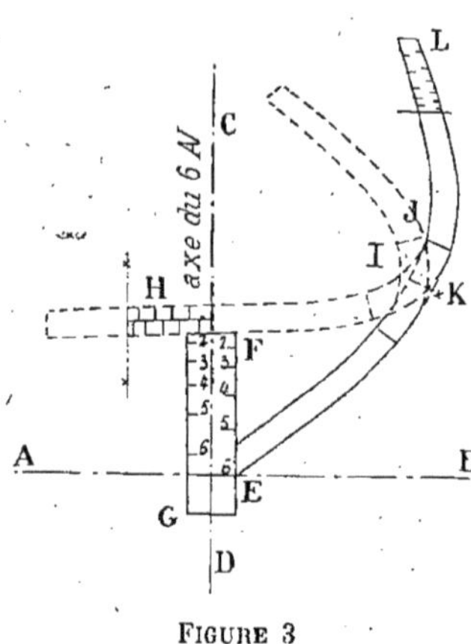

Figure 3

5° Marquer le point L qui indique la hauteur au platbord du couple considéré.

6° Faire pivoter le gabarit au point K pour tracer la ligne KE.

On obtient ainsi la courbe EKL qui donne la forme du sixième couple avant.

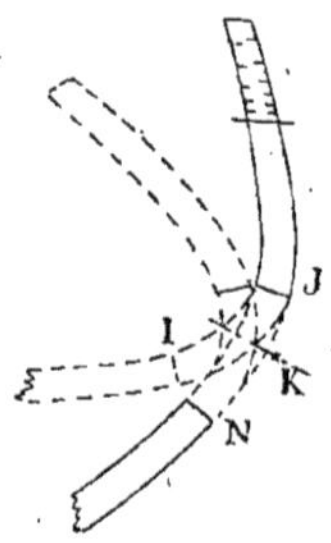

Figure 4

Le déplacement du gabarit pour tracer EK, c'est-à-dire la partie inférieure du couple, donne lieu à une rectification dans la forme de l'allonge indiquée (figure 4).

Celle-ci ayant été tracée avec le gabarit du maître-couple, est plus courbe qu'il ne faudrait dans la partie basse devant s'assembler avec la varangue. Pour raccorder exactement, on rapporte à la position I (figure 4) sur le gabariage primitif de l'allonge, l'ouverture MN exigée en plus pour la forme de la varangue. Généralement, une des faces de la tablette des acculements porte l'indication de cette quantité MN pour chaque couple.

Gouvernail

Largeur. — La plus grande largeur du gouvernail correspond aux cinq centièmes de la longueur en mètres du bateau, augmentés de 10 centimètres.

Soit : $L \times 0{,}05 + 0$ m. 10

on a ainsi :

LONGUEUR DU BATEAU	LARGEUR DU GOUVERNAIL	LONGUEUR DU BATEAU	LARGEUR DU GOUVERNAIL
4m »	0m300	6m50	0m425
4 25	0 312	7 »	0 450
4 50	0 325	7 50	0 475
5 »	0 350	8 »	0 500
5 50	0 375	8 50	0 525
6 »	0 400	9 »	0 550

Longueur au-dessous de la quille. — Le gouvernail des bateaux à éperon dépasse toujours la quille du bateau lorsqu'on se trouve en eau profonde. Dans les bas-fonds on ramène le dessous du gouvernail au niveau de la quille en le relevant de manière à ce que l'aiguillot placé à la partie haute du gouvernail, vienne s'appuyer sur l'étambot à la hauteur du plat-bord.

La majorité des constructeurs donnent au gouvernail

une longueur de trois pans, soit 0 m. 75 au-dessous de la quille, quelle que soit la longueur du bateau. D'autres déterminent la quantité dont le gouvernail dépasse la quille à environ le dixième de la longueur du bateau.

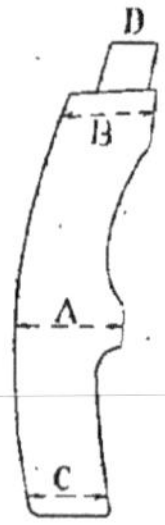

Proportions du gouvernail (figure 5). — Appelant A la plus grande largeur du gouvernail à la flottaison, on fait :

A = 1,00
B = 0,60
C = 0,95
D = 0,50

FIGURE 5.

L'épaisseur uniforme du gouvernail est égale à A $\times$ 0,08.

Ferrures du gouvernail. — L'étambot des bateaux dits à éperon porte dans la partie haute un femelot placé à piton, et, dans la partie basse, sur un adent préalablement fait à l'étambot, un aiguillot de gouvernail à tige relativement très longue, pour permettre de remonter le gouvernail au niveau de la quille lorsqu'on se trouve dans des bas-fonds. Cet aiguillot est la pièce importante des ferrures du gouvernail. La courbure qu'il doit avoir pour suivre la forme de l'étambot impose à son femelot beaucoup de jeu.

Les renseignements que nous avons recueillis et les nombreux relevés que nous avons faits, témoignent que les dimensions des ferrures de gouvernail ne tiennent d'aucune règle certaine et sont établies très approximativement par la pratique de chaque chantier, qui emploie les mêmes ferrures pour des bateaux de dimensions peu différentes.

D'ailleurs les uns prennent pour base la longueur des bateaux, d'autres la largeur du gouvernail.

En suivant les mêmes termes de comparaison nous

avons trouvé que le grand diamètre de l'aiguillot placé sur l'étambot représente le plus ordinairement :

1° En prenant pour base la longueur L (en mètres) du bateau :

$$0,02 \sqrt[3]{L}$$

Soit deux centièmes de la racine cubique de la longueur du bateau.

2° En prenant pour base la largeur G du gouvernail :

$$\frac{G}{20} + 0,016$$

Soit le vingtième de la largeur du gouvernail, plus 16 millimètres.

Partant du grand diamètre de l'aiguillot placé sur l'étambot, on a :

Grand diamètre de l'aiguillot sur étambot		$A = 1,00$
—	— sur le gouvernail	$a = 0,6\,A$
—	du femelot de A	$= 1,4\,A$
—	— de a	$= 1,2\,A$

Les proportions de détail sont les suivantes :

Grand Aiguillot
(sur l'étambot):
(Figure 6)

A = 1,00
B = 0,50
C = 18,00
D = 1,60
E = 1,20
F = 1,00
G = 5,50
H = 2,20
I = 0,12
J = 0,20

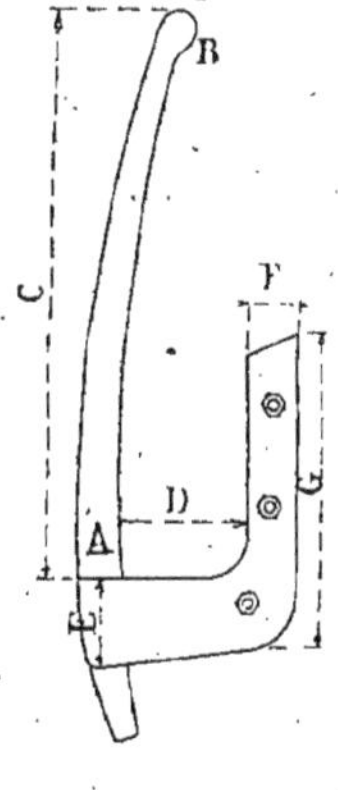

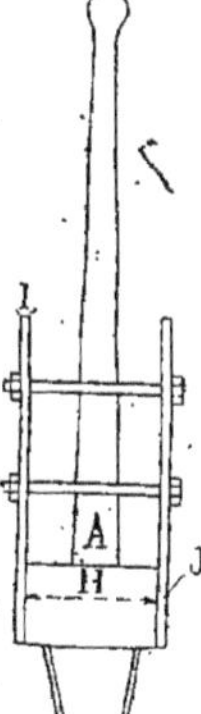

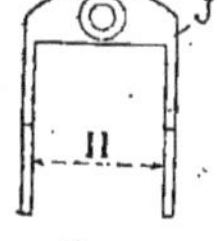

FIGURE 6

Petit Aiguillot (sur le gouvernail) :

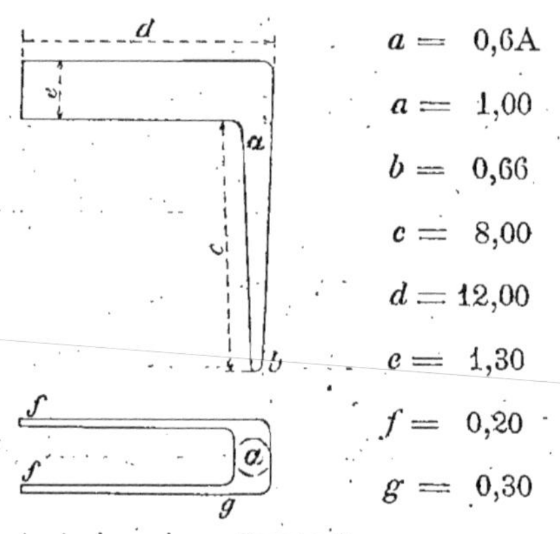

FIGURE 7

Grand Femelot (sur le gouvernail) :

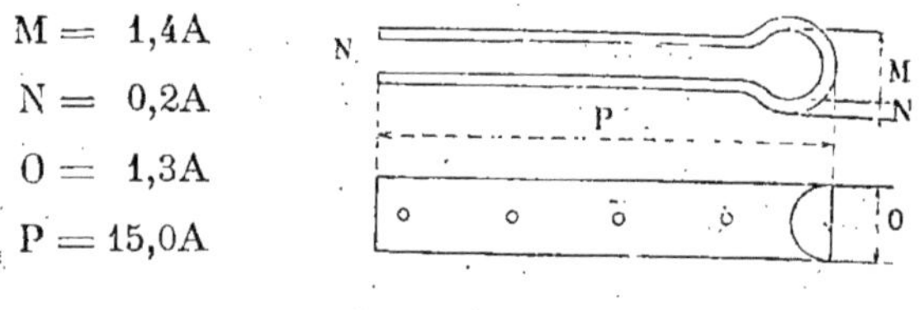

FIGURE 8

Petit Femelot (sur l'étambot) :

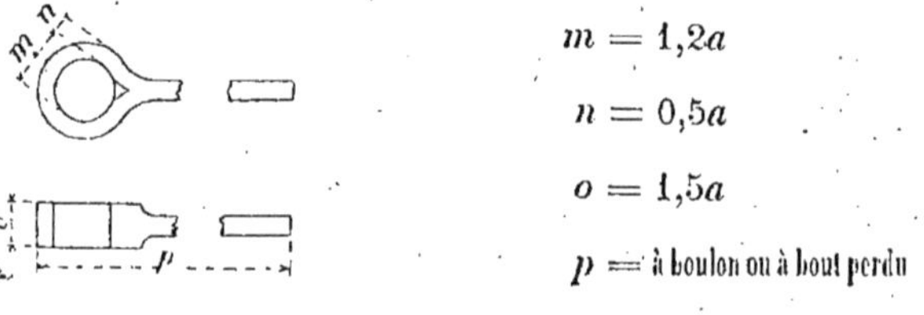

FIGURE 9

Barre du gouvernail (arjoou). — Le gouvernail est manœuvré au moyen d'une barre droite dite *arjoou*.

Cette barre est destinée à pouvoir s'enlever et se remettre facilement et promptement pendant les virements de bord pour la passer au vent de l'écoute. Elle est en bois de chêne vert ou en bois d'ormeau et se capelle sur la tête de gouvernail qui porte, pour la recevoir, un tenon à épaulement, ayant une hauteur de trois fois l'épaisseur de la dite barre et sur lequel celle-ci a beaucoup de jeu. Les proportions de la barre de gouvernail sont les suivantes (figure 10), la grande largeur du gouvernail étant prise pour unité.

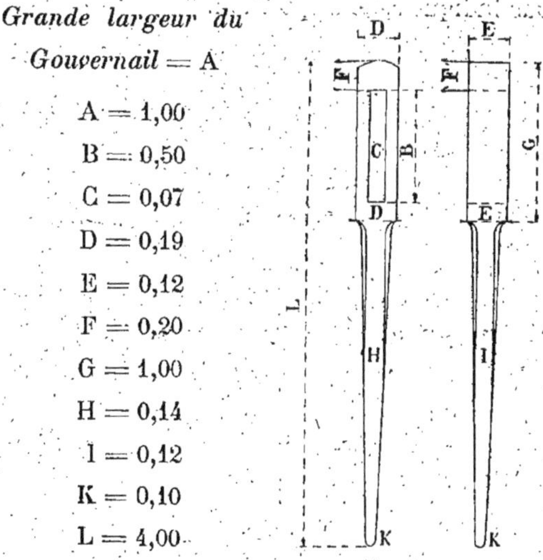

Grande largeur du Gouvernail = A

A = 1,00
B = 0,50
C = 0,07
D = 0,19
E = 0,12
F = 0,20
G = 1,00
H = 0,14
I = 0,12
K = 0,10
L = 4,00

Figure 10

Mâture

La longueur des bois de mâture s'établit en raison de la longueur du bateau, afin que ces bois désassemblés et placés sur les bancs, puissent se loger dans la longueur comprise entre l'étrave et le caisson arrière dit *senon*.

Position du mât. — Le mât se place aux onze vingt-cinquièmes soit au 0,44 de la longueur du bateau à partir de l'avant.

L'ancienne règle pratique consistait à prendre avec une ligne ou cordeau la longueur du bateau de rablure en rablure à la hauteur des bancs et à diviser cette longueur en cinq parties égales. La troisième de ces cinq parties était elle-même divisée aussi en cinq parties égales et la première sur l'avant de ces cinq subdivisions nouvelles indiquait la position du mât. La figure ci-dessous indique cette disposition.

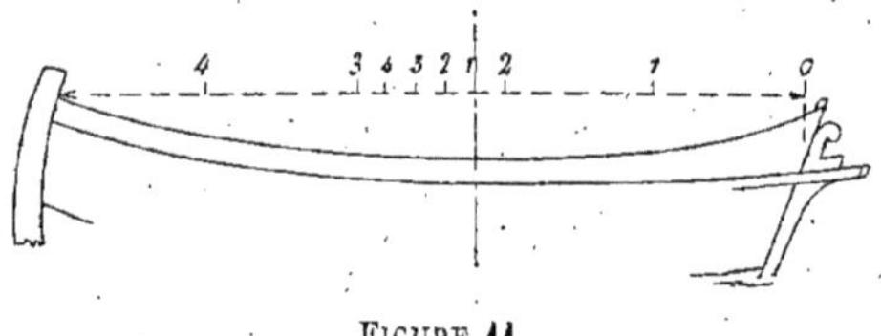

Figure 11

Pente du mât. — La pente du mât sur l'arrière est uniformément de 1 pouce par pied, soit un douzième, soit encore 0 m. 0834 par mètre.

Longueur du mât. — Le mât a environ pour longueur la longueur intérieure du bateau prise sur les bancs depuis la contre étrave jusqu'à la face avant du caisson arrière dit *senon*. Cette longueur correspond généralement au 0,82 de la longueur du bateau et permet au mât de pouvoir se placer sur les bancs, en abord, sans être une gêne pour la nage ou la manœuvre des filets.

Diamètre du mât. — Le grand diamètre se prend au pied du mât. Il est égal à la longueur du mât $\times$ 0,030. Le petit diamètre est la moitié du grand.

Longueur de l'antenne. — L'antenne est formée de deux pièces réunies par leurs extrémités. Celle de la partie haute s'appelle la *penne*, celle de la partie basse s'appelle le *quart*.

Dans l'assemblage des deux pièces le *quart* se place au-dessus de la *penne*.

La *penne* et le *quart* ont chacun pour longueur totale toute la longueur qui existe entre l'avant du caisson dit *senon* et l'étrave du bateau afin que désassemblées, ces pièces puissent, comme le mât, se placer sur les bancs, en abord. Cependant l'usage se répand de donner à la *penne* environ 0 m. 50 de plus de longueur. L'inconvénient de lui voir dépasser le caisson dit *senon* et de présenter ainsi une difficulté d'arrimage lorsqu'on est à l'aviron, est accepté soit à cause du bénéfice sur la vitesse que procure l'augmentation de surface de voilure, soit à cause de l'avantage que présente, dit-on, une voile plus pointue et à chute arrière plus verticale.

Appelant L la longueur du bateau on a donc comme constituant l'antenne :

1° La penne qui a L — 1 mètre (minimum) ; L — 0 m. 50 (maximum).

2° Le quart qui a L — 1 mètre, quart ordinaire ; L — 1 m. 75, quart de trinquet.

3° Le croisant de la penne et du quart qui est les 0,19 de la longueur minima de la penne.

Ces proportions conduisent au tableau suivant qui résulte de nombreux relevés d'exécution et dans lequel on remarque que le rapport $\frac{A}{L}$ de la longueur de l'antenne à la longueur du bateau, varie suivant la longueur du bateau de 1,36 à 1,61.

LONGUEUR Du Bateau L	LONGUEUR DE LA PENNE Máxima	Minima	Du QUART	Du CROISSANT	LONGUEUR De l'Antenne A	RAPPORT $\frac{A}{L}$
4m »	3m 50	3m »	3m »	0m 57	5m 43	1,36
5 »	4 50	4 »	4 »	0 76	7 24	1,45
6 »	5 50	5 »	5 »	0 95	9 05	1,51
7 »	6 50	6 »	6 »	1 14	10 86	1,55
8 »	7 50	7 »	7 »	1 33	12 67	1,58
9 »	8 50	8 »	8 »	1 52	14 48	1,61

Diamètre de l'antenne. — Appelant :

l, la longueur de la penne;
l', la longueur du quart;
l'', la longueur du quart du trinquet.

On obtient les diamètres de ces différentes pièces composant l'antenne en faisant :

Penne, diamètre	au bout supérieur.	$l \times 0{,}008$
—	au fort..........	$l \times 0{,}014$
Quart —	au fort..........	$l' \times 0{,}016$
—	au bout inférieur.	$l' \times 0{,}012$
Quart de trinquet	au fort..........	$l'' \times 0{,}019$
—	au bout inférieur.	$l'' \times 0{,}015$

Croisant de la penne et du quart. — Pour enverguer la *mestre* sur l'antenne, on règle le croisant de la penne et du quart à environ 0,19 de la longueur minima de la penne. L'assemblage se fait comme l'indique la figure 12.

Les bouts du croisant de la penne et du quart portent

une encoche pour servir à faire et à maintenir la bridure d'assemblage. La longueur de cette encoche est égale au diamètre de l'espars à cette position. Souvent l'extrémité inférieure de la penne porte de préférence une encoche

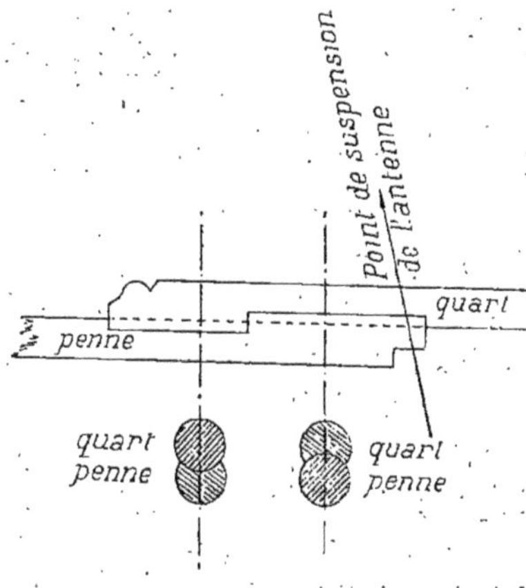

FIGURE 12

carrée pour permettre d'établir plus solidement la drisse de l'antenne.

Le croisant de la penne et du quart est augmenté lorsqu'on envergue la voile de mauvais temps, dite *trinquet*.

Position de l'antenne. — L'antenne est placée tantôt à tribord, tantôt à babord du mât suivant les localités ou les services à faire. Cette différence a pour cause le vent généralement régnant par rapport à l'orientation du port qu'on fréquente.

On conçoit qu'à l'embouchure d'un port où l'on est exposé fréquemment à ne pas avoir toute liberté de manœuvre, il soit préférable d'aller *le plus souvent* du bon bord, c'est-à-dire de n'avoir pas la voile portant sur le mât.

Les bateliers, ceux de Toulon surtout, obéissent à une autre considération. Leur plus nombreuse clientèle se compose principalement de matelots. Or, il ne leur est permis d'accoster que par babord les bâtiments de guerre sur rade. Dès lors l'antenne étant placée à babord du mât peut plus aisément être écartée de la muraille du bâtiment accosté et se trouve ainsi moins exposée à s'engager ou à se rompre contre les objets de toute nature qui sont en saillie de la muraille de ces bâtiments.

Point de suspension de l'antenne. — Le point de suspension de l'antenne varie suivant les localités, l'usage ou le patron du bateau et suivant que ce dernier trouve son bateau trop ardent ou trop mou.

Le plus souvent le point de suspension de l'antenne s'établit à la partie inférieure du croisant de la penne et du quart.

Quelquefois le point de suspension s'établit à un quart de la longueur du croisant au-dessus de la partie inférieure de la penne.

En tous cas, ce point de suspension n'est jamais au-dessus des deux cinquièmes de la longueur totale de l'antenne, à partir de son bout inférieur.

Angle de l'antenne avec le mât. — L'angle que forme l'antenne avec le mât est moyennement de 152 degrés. La pente du mât étant de un douzième, cet angle d'inclinaison de l'antenne correspond à 147 degrés par rapport à une ligne perpendiculaire à la flottaison.

Tête du mât. — La partie haute du mât se termine par une partie équarrie dite noix ou lanterne qui porte le réa de drisse de la voile et, un peu au-dessus, un trou servant à fixer la poulie de la drisse de foc.

Le clan pour drisse de la voile fait un angle de 22 degrés et demi sur l'avant par rapport à l'axe du bateau. Les proportions généralement adoptées pour la lanterne sont indiquées dans la figure 13.

A = Petit diamètre du mât
B = A × 1,00
C = A × 4,00
D = A × 2,00
E = A × 0,70

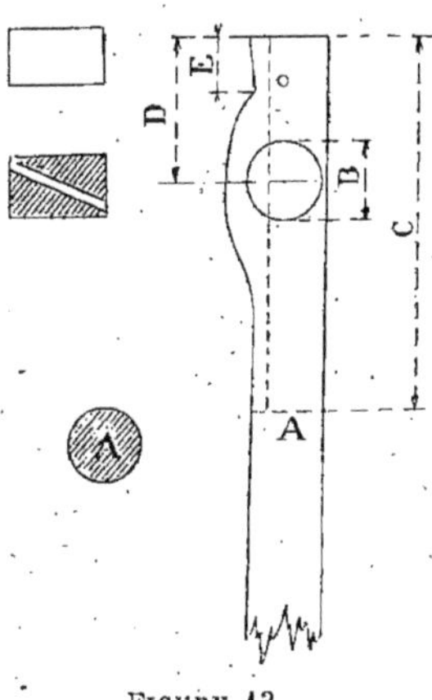

Figure 13

Quelquefois la tête du mât se termine par une lanterne de forme octogone dans laquelle sont percés deux clans : un dans le sens longitudinal pour la drisse de foc, l'autre placé à 0 m. 15 ou 0 m. 20 au-dessous de celui-ci, est obliqué de 45 degrés sur l'axe longitudinal pour servir à la drisse de l'antenne.

Emplanture du mât (L, planche *A*). — Le pied du mât est maintenu par un tenon carré dans une forte pièce de bois dite carlingue du mât, emplanture ou *escasse*, qui croise sur deux ou trois membrures en avant et en arrière du mât. Généralement l'escasse ne porte pas d'entailles sur la membrure. On ménage dans toutes les varangues qu'elle doit traverser la surépaisseur de bois nécessaire pour faire dans les dites varangues une encoche qui sert à l'encastrer. Les arêtes supérieures de l'escasse portant une feuillure sur laquelle viennent se placer les planches du payol.

Etambrai du mât. — Le banc du mât ou banc majeur dit *banc d'arbourra*, sur la face arrière duquel se place le mât, porte une encoche en forme de demi-collier destinée à former l'étambrai du mât, qui se complétait autrefois par une fourche ou fourcat en bois de fil, dont les branches se posaient sur le banc et y étaient maintenues par deux forts cabillots en bois.

Il n'y a plus économie de nos jours à employer ce système; on réduit l'encombrement et on gagne en solidité en remplaçant la fourche en bois par un demi-collier en fer.

Voilure

La voilure des bateaux dits à éperon se compose d'une voile latine enverguée sur l'antenne et d'un foc amuré sur l'éperon et le capion du bateau (planche 2).

FIGURE 14 FIGURE 15

Voile. — La voile est de deux formes : ou pointue (*espigado*), figure 14, ou se rapprochant de la forme catalane (*roundo*), figure 15.

Une voile pointue doit avoir pour elle un *quart* fort

et la *penne* flexible, d'où le proverbe : *Quar dé ferré penno dé fénou* (Quart de fer, penne de fenouil).

La voile latine n'est pas plate, elle fait un peu le sac ; le coton en donne d'ailleurs par lui-même, mais, autant que possible, la partie avant de la voile doit être parfaitement tendue, de même que la partie qui se rapproche de l'envergure.

On relève sur place les dimensions de la voile, soit BA, BC et AC (figure 16). Pour faire la part du tirage de la toile, on fait BD plus court que BA, d'environ 4 à 6 centimètres par mètre, suivant la force de la toile à employer et le mou à prévoir. Cette dernière dimension BD se trouve plus tard ramenée à la longueur de BA par le mou de la toile ou de la ralingue.

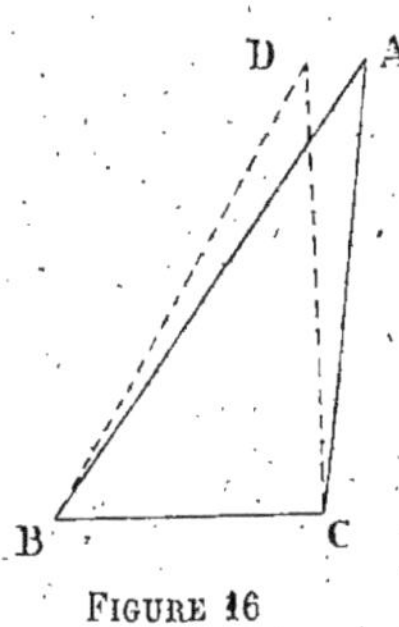

Figure 16

On se sert généralement de toile coton dite *cretonne*. La largeur des laizes varie de 0 m. 25 à 0 m. 30 sur les bateaux de pêche.

La voile a parfois une teinte rougeâtre obtenue au moyen d'une sorte d'argile grasse. Cette teinture rend, paraît-il, la toile imperméable et lui donne, dit-on, plus de durée.

Envergure. — L'envergure, munie de garcettes (*matafiens*) doit être de forme d'autant plus arquée que l'antenne est plus flexible. On lui donne généralement une flèche de courbure égale aux quatre centièmes de sa longueur.

La ralingue d'envergure se termine au point supérieur par un tirant long d'environ la moitié de l'antenne.

Bordure. — La bordure est cintrée ou échancrée (*allunagi*) d'environ 4 centimètres par mètre de longueur.

Cette échancrure permet de nager sous la voile bien que celle-ci soit bordée.

La ralingue de bordure est toujours plus forte que la ralingue d'envergure ; elle est fourrée dans son portage contre le mât.

C'est la ralingue de bordure qui forme la ganse d'amure (au capelage du quart) à sa jonction avec la ralingue d'envergure (Voir figure 18).

Chute. — La chute est toujours droite et ne porte pas de ralingue. La ralingue est remplacée par une ligne blanche passée dans une gaine ou ourlet de 2 à 3 centimètres qui termine la dernière laize et qu'on nomme le nerf (*lou nervi*). Ce nerf vient sortir près de l'écoute ; on le raidit parfois dans le largue ou le vent arrière pour ballonner la voile.

Coutures. — On donne aux coutures un peu de *peï* (poisson), ce qui signifie que leur largeur n'est pas égale dans toute leur longueur.

La largeur des coutures se fait le plus généralement à 0 m. 030 sur l'envergure, 0 m. 025 au milieu de la longueur de la couture, et 0 m. 050 sur la bordure, en montant plus ou moins haut à chaque couture à partir du point d'écoute.

Doublages. — On fait des doublages aux points d'écoute, de chute, d'amure et à la partie où terminent les ris.

Garcettes. — Les garcettes qui fixent la voile sur l'antenne tiennent à la voile. On les place à environ 0 m. 60 d'intervalle l'une de l'autre. Leur longueur est de 2 mètres environ, soit 1 mètre de chaque côté, afin qu'elles puissent lier la voile sur l'antenne lorsqu'elle est serrée.

Ris. — Dans la voile latine, on ne fait généralement qu'un seul rang de ris.

Les ris se placent un sur chaque couture. On les fait

en ligne blanche d'environ 0 m. 65 de longueur de chaque bord.

Écoute de la voile. — L'écoute est simple et longue à peu près comme la ralingue de bordure de la voile. Elle est passée par bout dans la cosse de la voile, où l'autre extrémité se trouve arrêtée par un nœud dit *cul-de-porc* qui l'empêche de se dépasser. Elle ne s'amarre donc pas par un nœud d'écoute.

L'écoute fait retour dans une rainure ménagée à l'arrière de l'étambot et nommé *casso-escoto*; elle s'amarre au cadeneau arrière.

Écoute de foc. — Sur les bateaux de pêche, l'écoute de foc est simple. Les pilotes et bon nombre de plaisanciers préfèrent avoir l'écoute double, afin d'éviter dans les virements de bord de dépasser l'écoute simple sur l'avant du quart et d'exposer aux embruns l'homme qui est chargé de cette manœuvre. L'écoute de foc s'amarre à des taquets fixés en abord du *banc d'apé*.

Amure de foc. — Le foc (*poulaquo*) des bateaux dits à éperon ne s'amure pas au bout dehors. Il se capelle sur l'éperon et passe dans une échancrure ménagée à la partie supérieure des deux fargues extrêmes avant, au point de rencontre de celles-ci.

Surface de voilure. — La voile qu'on envergue sur l'antenne par temps maniables s'appelle la *mestre*. Lorsqu'il fait mauvais temps, on remplace la mestre par une autre voile qui s'appelle le *trinquet*. C'est en augmentant le croisant de la penne et du quart qu'on réduit la longueur de l'antenne à la longueur d'envergure du trinquet.

Pour les bateaux de pêche ou les bateaux faisant le service des pilotes, les constructeurs ne dressent pas de plan de voilure ; la surface de la mestre se trouve déterminée par la longueur donnée aux bois de mâture qui s'établit, avons-nous dit, en raison de la longueur du bateau, afin que ces bois, désassemblés et placés sur les bancs, puissent ne gêner ni la nage, ni les opérations de la pêche en s'arrimant aisément dans la longueur comprise entre l'étrave et le caisson de l'arrière dit *senon*.

Dans ces conditions, la surface de la mestre représente environ les 0,86 de la surface totale de voilure et le foc qui est environ les 0,16 de la surface de la mestre, représente les 0,14 de la surface totale.

La surface totale de voilure, relevée sur un grand nombre de bateaux, donne pour le rapport au parallélogramme circonscrit les valeurs indiquées au tableau de la page 47.

Centre de voilure. — D'après les conditions de voilure qui viennent d'être décrites, le centre de gravité de l'ensemble des voiles, autrement dit le centre vélique ou centre de voilure, se trouve en arrière de la perpendiculaire élevée sur la flottaison au milieu de la longueur du bateau d'une quantité comprise entre 0,14 et 0,17 de cette dite longueur, soit :

LONGUEUR du BATEAU L	DISTANCE DU CENTRE DE VOILURE en arrière de la perpendiculaire élevée au milieu de la longueur du bateau (CV)	POSITION DU CENTRE DE VOILURE par rapport à la longueur du bateau, sur l'arrière de de la perpendiculaire milieu $\left(\frac{CV}{L}\right)$
4m »	0m56	0m140
5 »	0.76	0.152
6 »	0.96	0.160
7 »	1.16	0.166
8 »	1.36	0.170
9 »	1.53	0.170

LONGUEUR du BATEAU L	LARGEUR DU BATEAU l		PARALLÉLOGRAMME CIRCONSCRIT PP		SURFACE DE VOILURE S			RAPPORT $\frac{S}{PP}$	
	Maxima	Minima	Maxima	Minima	Mestre	Foc	Totale	Maxima	Minima
Mètres	Mètres	Mètres	Mètres carrés	Mètres carrés	Mètres carrés	Mètres carrés	Mètres carrés		
4 »	1.56	1.48	6.24	5.92	7.43	1.19	8.62	1.386	1.459
5 »	1.92	1.82	9.60	9.10	12.52	2.01	14.53	1.513	1.596
6 »	2.27	2.15	13.62	12.90	19. »	3.06	22.06	1.619	1.710
7 »	2.60	2.46	18.20	17.22	27.04	4.35	31.39	1.725	1.823
8 »	2.93	2.76	23.44	22.08	36.36	5.85	42.21	1.801	1.912
9 »	3.24	3.06	20.16	27.54	47.06	7.57	54.63	1.874	1.980

Gréement

Drisse de l'antenne. — La drisse de l'antenne est formée d'une itague qu'on désigne sous le nom de *flon* et qui se manœuvre au moyen d'un palan établi à l'étambrai du mât.

Le flon de drisse se termine à sa partie supérieure par le *bragot*, sorte de herse qui saisit l'antenne. Lorsque le bragot est indépendant du flon de drisse, celle-ci se termine par un nœud dit *cul-de-porc* qui passe dans le bragot. A la partie inférieure du flon de drisse se fixe le palan de drisse.

Bragot. — Le bragot est le point de suspension de l'antenne. C'est une sorte de herse ou ganse en filin, le plus souvent garnie de basane, qui embrasse l'antenne dans la partie du croisant de la penne et du quart.

Il se compose d'une boucle fermée par une épissure. A cette boucle on fixe, au moyen d'un amarrage, une petite cheville dite guinçonneau ou cabillot. C'est ce cabillot qui, lorsque le bragot entoure l'antenne, s'engage dans la partie opposée du bragot et permet à celui-ci de saisir l'antenne comme dans un nœud coulant. Le bragot fait deux tours sur l'antenne.

Dans la pratique, on prend mesure du bragot de la façon suivante : on tourne deux fois et demie le bout du flon de drisse autour du croisant de l'antenne et on marque sur le flon ainsi raccourci la place que devra occuper l'épissure du bragot.

Pour saisir l'antenne au moyen du bragot, lorsque celle-ci est à babord, par exemple, on passe le cabillot autour de l'antenne de dehors en dedans, c'est-à-dire par babord, et on l'introduit ensuite du côté du mât dans le haut du bragot, de manière à ce que ce cabillot ayant fait ainsi le tour du quart et de la penne, reste placé tout près du mât pour recevoir la drisse. On ne saisit jamais l'antenne avec le bragot sans avoir préalablement passé ce dernier dans le nœud coulant de la drosse (Voir figure 17).

Palan de drisse. — Le palan de drisse est simple dans les bateaux de 20 pans (5 mètres) et au-dessous et double dans les bateaux au-dessus de 5 mètres.

La poulie supérieure est épissée sur le flon; la poulie inférieure est frappée au banc d'arboura ou s'amarre du reste le garant lorsque l'antenne est hissée.

Drosse. — La drosse se compose d'un flon ou itague et d'un palan. Le flon de drosse se termine à son extrémité supérieure par une moque dite bigotte (figure 17).

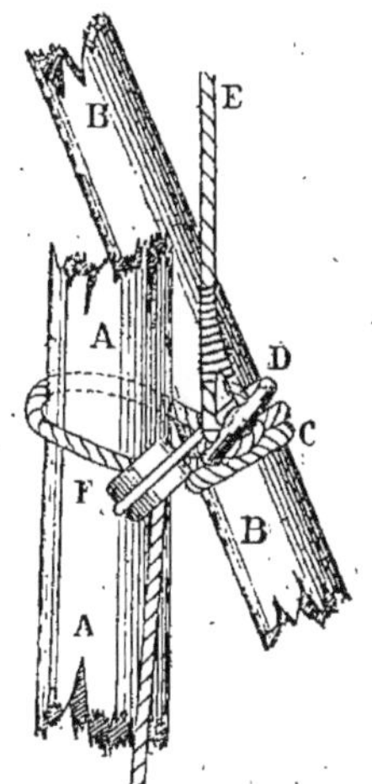

FIGURE 17

A, Mât.
B, Antenne.
C, Bragot.
D, Cabillot dit quinçonneau.
E, Drisse de l'antenne dite *flon.*
F, Moque dite *bigotte.*
G, Drosse.

Le flon fait lui-même retour dans la moque et forme ainsi un nœud coulant qui enserre le mât et le flon de drisse immédiatement au-dessus du bragot, sur lequel la moque est d'ailleurs fixée par un amarrage. Ce nœud coulant est souvent garni de basane qu'on suiffe pour faciliter le glissement; d'autres fois il est garni d'un chapelet en bois dont les grains sont rapprochés alors que la drosse est souquée.

Lorsqu'on amène l'antenne, ce nœud coulant se desserre naturellement et le chapelet, dont les grains s'écartent, facilite le glissement contre le mât.

Le palan de drosse ordinairement simple, est frappé en abord du bateau. De cette façon, le flon de drisse forme hauban du bord opposé à l'antenne.

Les bateaux-pilotes ont une cosse placée sur le flon de drisse à une hauteur correspondant à la mi-hauteur du mât ; elle sert à raccourcir le flon au moyen d'un palan que l'on y frappe, lorsqu'on est au bas-ris.

Palan d'amure (*lou d'avant*). — Le palan d'avant qui n'est autre que le palan d'amure et qu'en langage du pays on désigne par *lou davant* (figure 18), est un palan simple dont l'une des poulies est estropée à l'extrémité inférieure du quart, où une gorge l'empêche de se dépasser, tandis que l'autre poulie est estropée sur le cadeneau situé à l'avant du bateau.

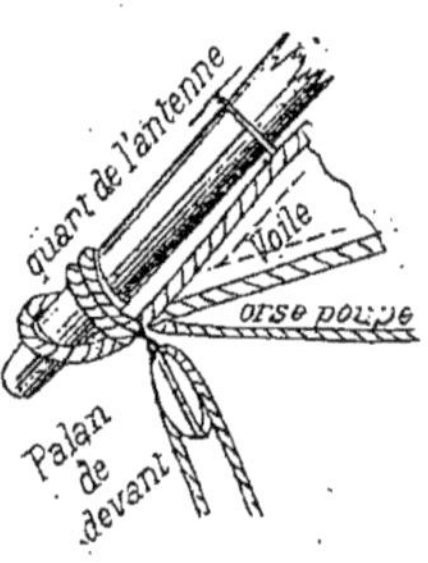

FIGURE 18

Le dormant de ce palan est à la poulie du cadeneau et le garant vient s'amarrer au banc d'apé en faisant deux tours au banc et en engageant le mou par dessus le garant.

Orse-poupe. — Il y a trois sortes d'orse-poupe suivant les dimensions et l'emploi du bateau.

L'orse-poupe est simple, double ou à palan.

L'orse-poupe simple, employé dans les bateaux pêcheurs inférieurs à 30 pans (7 m. 50) est un simple filin amarré par un bout sur le quart au-dessus de l'estrope de la poulie du devant et par l'autre bout, soit au pied du mât, soit en abord suivant l'allure.

L'orse-poupe double, peu employé par les pêcheurs, se compose de deux orses-poupe simples qui passent un de chaque côté du mât et viennent s'amarrer en abord. On le rencontre surtout dans les bateaux de plaisance.

Le troisième système d'orse-poupe est adopté par les pilotes. C'est un palan dont l'une des poulies est estropée dans la gorge pratiquée au bout inférieur du quart, au-dessus de l'estrope de la poulie du devant; l'autre poulie est frappée au pied et sur l'avant du mât, le dormant est au quart et le garant vient au banc d'apé.

Au mouillage, ou quand la voile est déverguée, l'orse-poupe s'amarre parfois en abord du bateau pour empêcher le balancement de l'antenne au roulis.

Oste. — L'oste est un simple hale-bas, faisant le plus souvent l'office de palan de garde; cette manœuvre est fixée dans la partie supérieure de la penne, soit environ au tiers de la longueur de celle-ci.

L'oste, lorsqu'elle ne sert pas, reste amarrée, soit à la drisse, soit à l'écoute, soit ailleurs, mais toujours avec du mou.

Elle est presque constamment à la bonne main, c'est-à-dire de même bord que la drisse et mesure environ la longueur de l'antenne.

Drisse de foc. — La drisse de foc est un palan simple. L'estrope de la poulie supérieure est faite en fouet et ce fouet est passé par tribord dans un trou percé à la tête du mât, où il demeure maintenu par un nœud dit cul-de-porc sur le côté babord du mât. La poulie reste donc à tribord du mât. C'est sur cette même poulie qu'est frappé le dormant de la drisse. Le garant vient s'amarrer au banc du mât.

Dispositions intérieures

Bateau de pêche non ponté (voir planche 1 et coupe transversale planche *A*). — Le point de départ de la disposition intérieure, c'est la position du mât qu'on place à 0,44 de la longueur du bateau à partir de l'avant. Les bancs ayant une largeur de 0 m. 15 à 0 m. 17 et la distance entr'eux devant être de 0 m. 75, on règle le nombre de bancs à placer sur l'avant et sur l'arrière du banc du mât, suivant que le mât est placé sur l'arrière, au milieu ou sur l'avant dudit banc.

Dans les plus petits bateaux, l'extrémité avant se termine par un plancher formant gaillard dit *taoumé*, n'ayant jamais moins de 0 m. 70 de longueur. A partir de l'extrémité arrière on a d'abord un coqueron dans lequel le timonier peut se placer debout (planche 1).

Vient ensuite un caisson étroit non fermé dit *sénoun*, établi à la hauteur des bancs et ayant pour longeur toute la largeur du bateau sur ce point.

Les deux planches verticales écartées de 0 m. 25 à 0 m. 30 qui forment la largeur de ce caisson sans couvercle, semblent être deux dossiers successifs; de la face avant de ce caisson jusqu'à la rencontre du premier banc arrière se trouve l'emplacement dit *chambre*, destiné à l'arrimage des filets. Lorsque les filets sont secs et dans le but de rendre leur manœuvre plus commode pour leur mise à la mer, on place quelquefois ces filets sur un plancher formé de planches étroites et mobiles, établi dans ladite *chambre* à la hauteur des bancs.

Ces bateaux n'ont pas de vaigres, mais seulement un payol disposé avec des planches transversales allant de la carlingue sur une sorte de lisse en abord. La carlingue et la lisse portent feuillure pour recevoir le payol (voir planche *A*). On remarque dans la planche 1 en pointillé, la disposition intérieure indiquée ci-dessus.

Bateaux demi-pontés. — Les bateaux demi-pontés sont ceux dont le pont n'existe que sur une largeur réduite, laissant ainsi au milieu une large écoutille non recouverte de panneaux mobiles.

Bateaux pontés. — Les bateaux pontés (voir coupe transversale planche *A*), sont installés comme les bateaux demi-pontés, mais avec l'ouverture du milieu beaucoup plus réduite que dans les bateaux demi-pontés et recouverte de plusieurs panneaux mobiles permettant de réduire à volonté, suivant le temps, la longueur de ladite ouverture.

Bateaux de bateliers (Marseille). — Les bateaux employés par les bateliers n'ont pas une longueur supérieure à 5 m. 25. Il sont manœuvrés par un seul homme et rarement portent plus de sept à huit passagers.

Leur disposition intérieure comprend à la hauteur des bancs, un petit plancher avant et arrière servant de gaillard pour faciliter l'embarquement et formant caissons au-dessous. Le banc portant le mât se trouve peu en avant du milieu du bateau et laisse ainsi deux espaces, l'un sur l'avant réservé au batelier pour la nage, l'autre sur l'arrière servant de chambre pour les passagers. Une banquette longitudinale de chaque côté, réunit le banc du mât au gaillard arrière. Quelquefois cette banquette est placée assez en contre-bas de la ligne des bancs. Cette disposition plus commode pour les passagers, contribue à augmenter la stabilité du bateau et rend plus facile, avec ceux-ci, dans les virements de bord; la gambiage de la voile.

Un payol complet règne de l'avant à l'arrière de ces bateaux où on installe également des montants de tente.

Ils sont peints en couleurs claires très variées.

Armement

Sur les bateaux de pêche, les objets d'armement applicables au bateau proprement dit, c'est-à-dire ceux qui ne sont pas spéciaux au genre de pêche exploitée, sont aussi réduits et aussi simplifiés que possible.

Souvent, dans les plus petits bateaux, le grappin y est remplacé par une gueuse en fonte ou une grosse pierre pierre dite *booudo* qu'on amarre à l'extrémité d'un filin en sparterie. Le poids de la *booudo* est à peu près équivalent à celui du grappin. Pour justifier cette économie, les pêcheurs allèguent que dans les fonds rocheux qu'ils fréquentent, ils sont presque toujours exposés à engager le grappin et à le perdre; qu'au surplus, dans cette nature de fonds, le booudo ne chasse pas et tient aussi bien que le grappin.

Les tolets, *escaoumés,* sont droits et non à fourche; ils sont souvent en bois de chêne ou d'acacia, ils entrent avec un peu de cône dans le trou de la toletière. Quelques tolets de rechange se trouvent à bord.

La barre du gouvernail, *arjoou*, est en bois de chêne ou d'ormeau.

Le lest, *sorro,* placé au pied du mât est en gueuses de fonte, bien souvent en petites dalles de pierre ou en pavés.

Les amarres de poste sont généralement en filin de sparterie; ce filin coûte beaucoup moins cher que le filin goudronné ordinaire et l'expérience a prouvé qu'il est suffisamment propre à cet usage.

Les avirons sont fréquemment en bois de hêtre plutôt qu'en frêne, parce qu'ils coûtent moins cher. Leur prix est approximativement de 1 franc le pan pour la paire d'avirons, soit 0 fr. 50 le pan pour un aviron. Mais ce qui distingue ces avirons de ceux habituellement employés dans les embarcations, c'est la forme du manche qui est carrée ou presque carrée, avec les angles plus ou moins arrondis ou abattus. De cette façon, le contrepoids plus grand que forme ce manche fatigue moins le nageur, ces avirons se nageant toujours à couple.

D'un autre côté, la partie carrée du bras, forme à la position des tolets un épaulement qui empêche l'aviron de descendre ou de glisser.

Les avirons se classent de pan en pan, c'est-à-dire en longueurs variant de 25 en 25 centimètres.

La longueur totale de l'aviron se règle en raison de deux fois la largeur du bateau à la position où l'aviron est armé ; son centre de gravité est à 0,50 de sa longueur totale à partir de l'extrémité de la pale et son point d'appui au tolet est à 0,75 de sa longueur de l'extrémité de ladite pale.

Les objets d'armement se trouvent complétés par un seau en bois et une escope à main.

Les engins et le matériel de pêche varient d'importance suivant la grosseur du bateau et l'affectation de celui-ci à un des différents genres de pêche en usage sur les côtes de Provence et qui sont ainsi dénommés :

Le palangre ;

Les sardineaux ;

Le gangui ;

Les tremailles ;

Les this ou bautiers ;

Les thonailles ;

Les boguières.

Prix de revient

Conditions générales de la construction. — Les constructeurs des bateaux destinés à la pêche ou au batelage, n'entreprennent le plus généralement que la coque nue, qu'ils livrent étanche à la mer avec une seule couche de peinture. Dans cette entreprise se trouvent compris la fourniture et la main-d'œuvre des bois composant la mâture et le gouvernail avec sa barre en bois ainsi que les ferrures nécessaires au gouvernail.

Le propriétaire du bateau conserve donc à sa charge la fourniture de la voilure et du gréement ainsi que les avirons et tous les objets d'armement dont il réduit ou augmente l'importance selon son but ou ses convenances.

Dans ces conditions, les constructeurs se préoccupent peu du prix de revient total du bateau prêt à prendre la mer. Cependant, en règle générale, ils estiment que la voilure, le gréement et l'armement forment ensemble un prix variant de 0,35 à 0,45 en sus du prix de revient de la coque seule, livrée étanche à la mer.

Main-d'œuvre. — La main-d'œuvre s'exécute presque toujours à forfait.

Dans le but de réduire autant que possible le déchet dans le débit des bois bruts, le constructeur trace lui-même ces bois pour le sciage et gabarie également lui-même les pièces de la membrure. Le gros sciage est fait par des scieurs de long à forfait et à raison de l'unité de surface ou de l'unité de cube, suivant la localité ou l'usage. Autrefois, les bois en grume pour la construction des embarcations s'achetaient à la *gouée* et étaient débités par les scieurs de long à raison de *tant* la gouée.

La *gouée* est une ancienne unité de mesure cubique usitée en Provence, ayant trois pans de longueur avec un pan au carré, c'est-à-dire 0 m. 75 × 0 m. 25 × 0 m. 25. Elle correspond pratiquement à 0 stère 047. Le stère contient donc un nombre de gouées de 21 un tiers. La gouée cube est au pied cube comme 470 : 343.

Comme conséquence de la désignation de la longueur du bateau en *pans,* le constructeur donne à forfait à un ouvrier la main-d'œuvre de charpentage et de clouage à raison de *tant* le pan.

Ce prix à forfait comprend la main-d'œuvre de charpentage et de clouage, ainsi que la façon du mât, de l'antenne, du gouvernail avec sa barre en bois et la mise en place des ferrures du gouvernail et des tolets.

A partir de 6 m. 25 de longueur (25 pans), les bateaux se font le plus souvent avec la *demi-cuberte* ou la *cuberte*, c'est-à-dire avec un demi-pont ou un pont.

Le constructeur paye généralement, pour la main-d'œuvre à forfait, les prix indiqués dans le tableau ci-après. Ces prix sont basés sur la journée de dix heures à raison de 6 francs.

BATEAUX SANS PONT				BATEAUX AVEC PONT			
LONGUEUR		PRIX DE LA MAIN-D'ŒUVRE		LONGUEUR		PRIX DE LA MAIN-D'ŒUVRE	
En Pans	En Mètres	Au Pan	Au Mètre	En Pans	En Mètres	Au Pan	Au Mètre
18	4m50	10f75	43f	26	6m50	14f »	56f
20	5. »	11. »	44	28	7. »	14.50	58
22	5.50	11.25	45	30	7.50	15. »	60
24	6. »	11.50	46	32	8. »	15.50	62
26	6.50	11.75	47	34	8.50	16. »	64
				36	9. »	16.50	66

Bois, clous et chevilles nécessaires à la coque. — La valeur des bois bruts et des clous et chevilles nécessaires à la confection de la coque se détermine en relation du prix de la main-d'œuvre dans les rapports approximatifs suivants :

LONGUEUR DU BATEAU		RAPPORT Entre le prix de la main-d'œuvre et celui des bois et clous	
EN PANS	EN MÈTRES	MAIN-D'ŒUVRE	BOIS ET CLOUS
Bateaux sans pont			
18	4m50	0.50	0.50
20	5. »	0.48	0.52
22	5.50	0.46	0.54
24	6. »	0.44	0.56
26	6.50	0.42	0.58
Bateaux avec pont			
26	6m50	0.40	0.60
28	7. »	0.38	0.62
30	7.50	0.36	0.64
32	8. »	0.34	0.66
34	8.50	0.32	0.68
36	9. »	0.30	0.70

Ainsi qu'on le remarque dans ce tableau, le prix des matières est égal à celui de la main-d'œuvre dans les bateaux de 4 m. 50, tandis que cette dernière ne représente plus que le tiers environ dans les bateaux de 8 mètres à 8 m. 50.

Mâture, gouvernail et calfatage. — Dans le prix à forfait de la main-d'œuvre de charpentage se trouve compris, avons-nous dit plus haut, la façon des bois de mâture et du gouvernail avec ses ferrûres et sa barre en bois, dont les matières sont fournies par le constructeur, ainsi que le calfatage et la première couche de peinture.

Le montant de ces fournitures est compté dans le prix de revient pour les valeurs approximatives suivantes :

LONGUEUR DU BATEAU. En pans	LONGUEUR DU BATEAU. En mètres	BOIS pour mâture et gouvernail	FERRURE de gouvernail et tolets	CALFATAGE et brayage de la carène	PEINTURE à une couche seulement	TOTAL
		Bateaux n'ayant pas de pont				
18	4m50	15f	35f	40f	15f	105f
20	5. »	20	40	45	20	125
22	5.50	25	45	50	25	145
24	6. »	30	50	55	30	165
26	6.50	35	55	60	35	185
		Bateaux ayant un pont				
26	6m50	35f	55f	70f	45f	205f
28	7. »	40	60	75	50	225
30	7.50	45	65	80	55	245
32	8. »	50	70	85	60	265
34	8.50	55	75	90	65	285
36	9. »	60	80	95	70	305

Frais généraux et bénéfice. — La décomposition du prix total, par les données qui précèdent, font ressortir, pour les nombreux exemples que nous avons recueillis, un bénéfice moyen pour le constructeur d'environ 15 pour 100 sur l'ensemble de la main-d'œuvre, des matières et des fournitures accessoires. Ce bénéfice peut paraître suffisant si on considère que les frais généraux d'un chantier d'embarcations sont presque nuls et que le constructeur met lui-même la main à l'œuvre en traçant les bois pour le sciage en plateaux et en gabariant ces plateaux pour le débit des membrures et autres pièces sur gabarits.

Prix de la coque livrée étanche à la mer. — Le prix de la coque seule livrée étanche à la mer avec les bois de mâture, le gouvernail et les ferrures que celui-ci nécessite, présente naturellement des variations sensibles suivant la localité, le prix des matières et le taux de la main-d'œuvre. Néanmoins pour la coque seule, avec membrures en chêne courbant de Provence, gabords et préceintes en chêne et bordé en pin ou sapin avec clouaison en fer zingué, on obtient, d'après les indications qui précèdent, les valeurs moyennes suivantes pour le prix par mètre courant de longueur du bateau.

COQUE DES BATEAUX SANS PONT

Bateau de	4 m. 50	coûte environ	125 fr.	le mètre courant.
—	5 . »	—	134	—
—	5 . 50	—	143	—
—	6 . »	—	152	—
—	6 . 50	—	161	—

COQUE DES BATEAUX AVEC PONT

Bateau de	6 m. 50	coûte environ	197 fr.	le mètre courant.
—	7 . »	—	212	—
—	7 . 50	—	229	—
—	8 . »	—	248	—
—	8 . 50	—	269	—
—	9 . »	—	291	—

B. — BATEAUX-PILOTES DE MARSEILLE

(Plan de formes, planche 3)

Dimensions et tonnage. — Les bateaux-pilotes de Marseille sont des Latins dits à éperon, de 8 m. 50 entre rablure au plat bord. De cap en cap ils mesurent 8 m. 65 et jaugent en douanes environ 7 tonnes.

Dispositions intérieures. — Ces bateaux portent un pont qui est établi à la hauteur des bancs en abord et qui, au moyen de pièces de bois rapportées sur une partie des dits bancs, donne à ce pont un bouge très prononcé. La partie du milieu du pont est ouverte en forme d'écoutille, dite coursive, allant de l'arrière jusque sur l'avant du mât et se ferme par des panneaux placés successivement l'un à la suite de l'autre (Voir pl. *A*).

Depuis plusieurs années on installe sur l'arrière un petit roof ayant une couchette de chaque côté. Le restant de la longueur du bateau comprend encore trois couchettes dont deux sur l'avant et une au milieu à babord. La partie de tribord correspondant à cette dernière, est disposée en soute à voile avec une petite armoire pour loger les ustensiles de cuisine.

Lest. — Le lest en fonte est de 700 kilogrammes. Il est logé sous payol et réparti depuis l'arrière jusqu'à environ un quart sur l'avant du milieu, de manière à mettre le bateau en différence de tirant d'eau d'environ 15 centimètres.

Mâture. — Le mât, qui avait autrefois la longueur du bateau moins 1 mètre, comme les bateaux de pêche, a été réduit de plus de 1 mètre depuis plusieurs années.

Voilure. — On a également limité la voilure de chaque bateau à deux jeux de voiles qui comprennent :

1° Trinquet et grand foc ;

2° Bas ris et petit foc.

Avec ces deux focs et ces deux voiles dont une (le trinquet) porte un ris, on a comme surface de voilure cinq combinaisons dont les extrêmes sont :

Par beau temps avec trinquet et grand foc...	$37^{m^2}50$
Par mauvais temps avec bas ris et petit foc..	26 »

Si on compare ces surfaces de voilure à celle du parallélogramme circonscrit, on trouve que le rapport est 1,60 par beau temps et 1,10 par mauvais temps.

La toile dont on fait la voile et les focs est une cotonine dite *à six fils catalans* de première qualité. Les lès ont 50 centimètres.

La voile des bateaux-pilotes porte, à la peinture noire, une ancre et le numéro du bateau.

En tête du mât se trouve une ferrure fixe pour porter le feu blanc réglementaire.

Nous donnons ci-après les dimensions et indications générales concernant un bateau-pilote de Marseille :

DIMENSIONS PRINCIPALES

Longueur de cap en cap, au plat bord	8^m65
Largeur, hors membrure au fort............	2.90
Creux de dessus quille au livet du pont.......	0.86
Bouge du pont............................	0.22
Distance du pont au plat bord...............	0.11

ÉCHANTILLON DES BOIS COMPOSANT LA COQUE

Quille, étrave, étambot, en chêne....	$0^m20 \times 0^m07$
Membrûres en chêne de Provence...	0.06×0.06

Entremise en chêne	$0^m12 \times 0^m09$
Banc du mât, en chêne, ayant un bouge de 0 m. 08	0.45 × 0.11
Bancs ordinaires en pin du pays ayant un bouge de 0 m. 06............	0.25 × 0.09
Trinquerin (*gouttière*) en chêne capelée sur la membrure................	0.03
Queira, en pin du pays ayant une saillie de 0 m. 04 en dehors du bordé et entaillé à demi-bois	0.10 × 0.065
Plat bord, en ormeau..............	0.03
Escasse (*emplanture du mât*), en chêne..............................	0.25 × 0.26
Bordé extérieur en chêne, portant trois clous sur chaque membre.............	0.03
Cadenot en chêne placé à 0 m. 02 sous la feuille bretonne.	
Bordages du pont en bois du Nord...	0.15 × 0.03
Cordon extérieur sous les trinquerins, saillie 0 m. 05.	
Hiloire du panneau, en chêne.......	0.08 × 0.06
Panneaux en bois du Nord, à coulisse avec encadrement.	
Macarons des fargues, en ormeau.	
Fargues en pin, hauteur............	0.25

Courbes verticales en bois de chêne, pour contretenir le plat bord de chaque côté au-dessus de la cuberte.

Toletières : quatre de chaque bord.

Bande de fer sur l'étrave.

Trois cabillots en fer, dont deux sur l'arrière pour l'écoute et la garde du gouvernail et un sur le banc du mât pour la drisse du foc.

Gouvernail en noyer.

Barre de gouvernail en ormeau.

Clouaison en cuivre rouge à 0 m. 10 au-dessus de la flottaison.

Calfatage à deux étoupes, œuvres mortes mastiquées, œuvres vives brayées.

Mâture

Un mât d'été................................	7m »
Un mât d'hiver..............................	6.25
Une penne...................................	8.60
Un quart de trinquet........................	5.90
Un quart de bas ris.	(variable)
Croisant de la penne et quart...............	3. »
Point de suspension de l'antenne à partir de l'extrémité basse du quart....................	4.30

Voilure

	ENVERGURE	CHUTE	BORDURE
Voile dite *trinquet* portant 1 ris	11m40	9m70	6m10
Voile dite *bas ris*, sans ris.....	9.15	7. »	6. »
Grand foc....................	5.35	4.55	3.40
Petit foc....................	4,30	3.50	2.70

Gréement. — Les dimensions du gréement, filins et poulies sont :

Ecoute.....................	0m100	de circonférence
Orse poupe.................	0.050	—
Oste.......................	0.065	—
Bragot.....................	0.090	—
Drisse de voile, *mestre*......	0.065	—
Itague de drisse............	0.090	—

Itague de drosse...........	0.085 de circonférence
Garant du palan de devant..	0.065 —
Garant du palan de drosse..	0.050 —
Poulies de drisse d'antenne.	0m22 doubles à cylindre
Poulies de drosse...........	0.14 —
Poulies du devant..........	0.15 —
Poulies de l'orse poupe.....	0.16 —

Objets d'armement ou de rechange

4 avirons de 4 m. 25 ;
1 grappin de 25 kilogrammes ;
1 grappin de 12 kilogrammes ;
1 gouvernail ;
3 barres du gouvernail ;
1 quart pour le bas ris ;
2 partègues pour la tente-abri ;
1 voile dite *trinquet* ;
1 voile dite *bas ris* ;
1 grand foc ;
1 petit foc ;
1 tente-abri ;
1 cablot de 75 mètres ;
1 demi-cablot de 35 mètres ;
1 remorque en chanvre ;
3 amarres de poste ;
1 compas de route ;
1 fanal en cuivre pour le mât ;
1 fanal en cuivre à la main ;
2 barils de galère ;
2 seaux ;
1 bidon en bois ;
2 hachots ;

1 gaffe emmanchée ;
1 pavillon Français ;
2 pavillons de pilote.

Peinture. — La coque des bateaux-pilotes à l'extérieur est réglementairement peinte en noir et blanc. Le noir qui occupe les œuvres mortes dessine à sa partie inférieure une ligne courbe qui passe à environ 0 m. 10 au-dessus de la flottaison au milieu pour se relever aux extrémités avant et arrière à 0 m. 50 au-dessus de ladite flottaison. Cette partie inférieure avant et arrière, qu'on désigne sous le nom de *marsouin*, se peint en blanc, de même que la partie comprise entre le pont et le dessous du queira qui dessine ainsi une ceinture blanche dans laquelle se découpent les dallots du pont.

Les bateaux-pilotes portent, en outre, comme marques distinctives, une ancre en peinture blanche sur les fargues tribord avant et babord arrière et respectivement à la même place le numéro du bateau tribord arrière et babord avant.

A l'intérieur on peint blanc et chamois.

Durée. — La durée des bateaux, dans le service de pilotage, est d'environ vingt ans pendant lesquels ils sont mis à terre et peints tous les trois mois. Leur carène se fait en moyenne tous les huit ans et les frais d'entretien reviennent à environ 500 francs par an et par bateau.

Au bout de vingt ans, dans le service du pilotage, les bateaux sont vendus à des particuliers qui les utilisent encore dans un service moins actif, pendant une douzaine d'années.

Equipage. — L'équipage des bateaux-pilotes comprend :

3 pilotes ;	1 journalier ;
1 aspirant pilote :	1 mousse.

Soit au total : six personnes.

Prix de revient. — Le prix de revient d'un bateau-pilote est d'environ 5.000 francs, se décomposant comme suit :

Coque et mâture............. Fcs	2.800	»	soit	0,56
Voilure.........................	550	»	—	0,11
Gréement.......................	150	»	—	0,03
Armement	1.200	»	—	0,24
Rechanges	250	»	—	0,05
Peinture.......................	50	»	—	0,01
Total............ Fcs	5.000	»	—	1,00

C. — BATEAUX A ÉPERON

ARMÉS EN PLAISANCE

En traitant du bateau latin à éperon, nous avons considéré le bateau de pêche comme type de l'espèce.

En ce qui concerne la coque proprement dite, le latin de plaisance est presque toujours construit d'après les données qui précèdent; mais en raison de son affectation, il diffère notablement, par ailleurs, du bateau de pêche.

Pont et roof. — Dans les latins de plaisance, les bancs sont supprimés, et au lieu d'établir le pont à la hauteur de ces bancs, comme on le fait dans les bateaux pilotes et les grands bateaux de pêche, on le place à la hauteur du plat-bord dit *queira*.

On utilise ainsi tout le creux du bateau pour que les couchettes et les armoires qu'on dispose à l'intérieur y soient installées le mieux possible. D'ailleurs, les formes des latins à éperon se prêtent à une installation intérieure relativement confortable. Au-dessous de la chambre des plus petits bateaux, on ménage dans le pont une sorte d'écoutille qui part du cockpitt et va jusqu'au pied du mât.

Panneaux à coulisse. — Cette ouverture se ferme au moyen de panneaux à coulisses. Dans les bateaux au-dessus de 8 mètres, on construit un petit roof, qui permet de se tenir assis sous ledit roof.

Cockpitt et sa fermeture. — Qu'il existe ou non un roof, la partie arrière est généralement disposée en un large cockpitt ouvert, avec bancs latéraux au-dessus et au-dessous desquels sont des armoires.

Lorsque le bateau est au repos, ce cockpitt est fermé par des panneaux disposés de telle façon qu'en cours de navigation, ils se placent comme plancher de payol.

Mâture. — Les latins de plaisance n'ont pas, comme les bateaux de pêche, l'obligation d'enlever fréquemment leur mât. Ils le laissent constamment mâté et le placent souvent un peu plus avant, afin de pouvoir augmenter la surface de leur voile. Ils portent toujours un bout dehors sur lequel s'installe un foc. Quelques latins de plaisance portent également un mât de flèche.

Voilure. — Dans ces conditions, la surface de voilure des bateaux latins de plaisance s'éloigne beaucoup des relations en usage pour les bateaux de pêche. Ces relations, au point de vue de la voilure de course surtout, n'ont comme limite que l'audace des champions.

Généralement, les latins de plaisance sont munis de trois voiles qu'ils enverguent, suivant le temps ou les circonstances.

Ces voiles sont :

1° La *mestre* ou voile de course ;

2° La *bâtarde* ou voile de promenade ;

3° Le *trinquet* ou voile de mauvais temps.

On voit certains bateaux avoir deux bâtardes, une pour l'été, l'autre pour l'hiver, cette dernière ayant une surface plus réduite.

Quelquefois, au lieu d'un seul foc, comme dans les bateaux de pêche, les latins de plaisance portent un grand foc qui s'établit à l'extrémité du bout dehors et qui va en tête du mât, et un deuxième foc qui amure sur le capion.

La mestre porte un ris.

La bâtarde porte un ris qui permet de diminuer de un quart environ la surface totale de la dite voile.

Le trinquet a une surface totale équivalente au ris pris de la bâtarde, et il porte également un ris qui réduit sa surface d'environ un quart.

Quelquefois on se sert d'un quart spécial, dit *quart de bâtarde,* tout en conservant la même penne.

Le trinquet s'envergue sur la penne qui, dans ce cas, forme à elle seule la totalité de l'antenne, mais généralement on se sert quand même du quart de bâtarde pour jumeler et consolider la penne.

La voilure latine ne comporte pas de dragon. Le plus souvent, au vent arrière, les latins de plaisance établissent une sorte de spinnaker dont la surface atteint quelquefois la surface de la grande voile.

Cette voile supplémentaire part du haut de la penne pour chûter au pied du mât et prendre point d'envergure sur un tangon de coutelas qui est fixé au pied du mât et déborde au vent.

Le spinnaker se fait généralement en soie.

Les autres voiles sont le plus souvent en toile coton dite *cretonne* numéro 10 ou numéro 11, de 1 m. 10 de largeur, faisant quatre laizes. La cretonne numéro 11 pèse 0 k. 37 le mètre courant, soit 0 k. 336 le mètre carré. Celle numéro 10 est un peu plus faible que le numéro 11.

Quelques anciens bateaux de pêche devenus bateaux de plaisance, ont augmenté la surface totale de leur voilure primitive en ajoutant sur l'arrière du bateau un mât de tape-cul, portant une voile latine ou un houari. Malgré le succès obtenu dans quelques régates par les bateaux portant cette installation, ce genre de voilure, qui s'éloigne d'ailleurs du genre local, a eu jusqu'à présent peu d'imitateurs.

Lest. — La quantité de lest placé à l'intérieur est en relation de l'importance de la surface de voilure. D'ailleurs, en outre du lest logé à l'intérieur du bateau, les latins armés en plaisance placent souvent, de chaque côté de leur quille et se prolongeant au-dessous de celle-ci, une plaque de tôle plus ou moins épaisse et plus ou moins haute qui leur permet à la fois d'augmenter leur stabilité et de diminuer leur dérive.

Principaux points sur lesquels les bateaux de plaisance diffèrent des bateaux de pêche. — On remarque dans ce qui a été exposé plus haut, relativement aux bateaux de pêche proprement dits, que la construction et l'armement de ces bateaux se limitent aux besoins indispensables de leur navigation et de leur exploitation.

Il ne saurait en être de même sur les latins ayant le caractère de yachts.

On s'explique en effet, que ceux-ci soient de construction plus soignée, que leurs installations soient faites avec un certain luxe et que leur voilure et leurs manœuvres, tout en conservant la simplicité qui est le propre de la voilure latine, soient à la fois plus complètes et mieux présentées.

Les principaux points par lesquels les bateaux de plaisance diffèrent des latins employés à la pêche, sont les suivants :

Mât placé un peu plus sur l'avant.

Mât de flèche avec chouc et collier.

Ton du mât rond.

Bout dehors ayant sous-barbe et haubans.

Clan de drisse du foc, percé au-dessus du clan de drisse de la voile.

Réa au bout de l'antenne.

Garniture en cuir au portage de l'antenne.

Drosse au bragot.
Collier en fer avec cabillots au pied du mât.
Palan de drisse frappé à une lande en fer à l'extérieur.
Croc à ciseaux aux palans de drisses.
Ecoute et tirant de la voile à palan.
Cargues.
Laizes plus étroites à la voile et aux focs.
Grand foc.
Spinnaker ou dragon.
Râteliers de manœuvres.
Cadeneaux en fer.
Porte-drômes en abord.
Chaumards.
Taquets d'amarrage en fer.
Toutes les ferrures zinguées.
Barre du gouvernail en fer, coudée.
Lest en fonte ou en plomb.
Grappin à pattes mobiles.

Peinture. — Les œuvres mortes sont le plus souvent peintes en blanc avec un cordon doré ou de couleur et fargues en chêne naturel verni. La carène est recouverte d'une peinture spéciale contre les tarets.

Nous donnons ci-après les éléments principaux et la surface de voilure de course de divers bateaux latins, armés en plaisance. Le tonnage indiqué, est celui obtenu par la formule de l'Union des Yachts Français (1892).

Dimensions des bois de mâture et des voiles d'un latin de plaisance de 2 tonneaux.

Longueur au plat bord........................ 6m 80
Largeur au plat bord........................ 2 50
Tonnage (Formule Union des Yachts Français) 2tx 00

		VOILES de COURSE	VOILES de PROMENADE	VOILES de Mauvais temps TRINQUET
Longueur du mât à partir du pont...		5m90	5m90	5m90
Longueur de la penne..............		10.60	8. »	
Longueur du quart..................		6.40	6. »	
Longueur totale de l'antenne.........		14. »	11. »	
Croissant, penne et quart...........		3. »	2.50	
Longueur du bout-dehors en dehors de rablure.........................		3.40	3. »	2. »
Voile...........	Bordure	5.50	5.10	5. »
	Chûte	12.60	9.80	9.20
	Envergure	14. »	11. »	11. »
Grand Foc......	Bordure	5.55	3.20	
	Chûte	5.10	4.20	
	Envergure	9.50	5.20	
Petit Foc........	Bordure	3.50	2.30	
	Chûte	4.50	3.80	
	Envergure	5.50	4.20	
Spinnaker.......	Bordure	7.10		
	Chûte	8.65		
	Envergure	12. »		
Surface de voilure, maxima..........		m^2 49.25	m^2 31.51	m^2 27.51
(Le spinnaker n'est pas compris dans la surface de voilure).				

Dimensions des bois de mâture et des voiles d'un latin de plaisance de 3 tx, 5.

Longueur au plat bord........................ 3m 20
Largeur au plat bord.......................... 2 92
Tonnage (formule de l'Union Yachts Français). 3tx 50

	VOILES de COURSE	VOILES de Promenade	VOILES D'HIVER	VOILES de mauvais temps TRINQUET
Long. du mât à partir du pont.	8m 35	7m »	7m »	7m »
Longueur de la penne.........	12.50	12. »	10. »	
Longueur du quart...........	8. »	6. »	5. »	
Longueur totale de l'antenne...	15.50	13.50	11.50	8.75
Longueur du bout-dehors, en dehors de rablure...........	3.50	2.50	au capion	au capion
Croissant de penne et quart ...	5. »	4.50	4.50	
Voile. — Bordure	6.90	6.30	6.10	5.70
Voile. — Chûte	14.40	12. »	11. »	7.20
Voile. — Envergure	15.50	13.50	11.50	8.75
Grand Foc.... — Bordure	6.50	5.50	2.50	1.90
Grand Foc.... — Chûte	7 50	5.40	5.40	4.15
Grand Foc.... — Envergure	9 90	7.80	6. »	4.50
Petit Foc .... — Bordure	5.50	2.50		
Petit Foc .... — Chûte	5.40	3.40		
Petit Foc .... — Envergure	7.80	6. »		
Spinnaker.... — Bordure	7.20			
Spinnaker.... — Chûte	10.40			
Spinnaker.... — Envergure	14. »			
Surface totale, voilure	m² 89.95	m² 59.52	m² 36.67	m² 24.18
Le spinnaker n'est pas compris dans la surface de voilure.				

Dimensions, tonnage et surface de voilure de divers latins de plaisance.

	LONGUEUR DE FLOTTAISON	LARGEUR	TOUR DE CHAINE	PÉRIMÈTRE	SURFACE DE VOILURE	JAUGE U. Y. F.
Rose-Marie........	5m »	1m90	2m84	4m84	31m²63	0tx 80
Rosalie...........	5.03	1.74	3.02	4.76	35. 15	0. 81
Surprise..........	5.29	1.92	3.16	5.08	38. 69	0. 98
Bandit............	5.22	1.92	3.50	5.42	56. 66	1. 30
Aurore............	6. »	2.36	3.48	5.84	50. 83	1. 60
Deux-Sœurs.......	5.90	2.20	3.55	5.75	50. 34	1. 50
Nemesis...........	5.93	2.42	3.84	6.26	52. 94	1. 60
Jeune-Velleda.....	6.09	2.32	3.43	5.75	53. 56	1. 60
Frivole...........	6.68	2.52	4.05	6.57	61. 22	2. »
Balbuzard.........	7.95	2.73	4.56	7.20	71. 50	2. 90
St-Marc, (*ex* Trident)	8 21	2.92	4.37	7.29	99. 36	3. 50
L'Oncle...........	8 34	3.04	4.90	7.94	87. 55	3. 70
Intrépide.........	8.97	2.96	4.24	7.20	83. 97	3. 70

CHAPITRE II

BATEAUX TOULONNAIS

DITS *RAFIAUS* OU *POINTUS*

Description. — Les bateaux employés par les pêcheurs et les bateliers de Toulon étaient, il y a peu de temps encore, des bateaux dits *à éperon*. Les bateliers de la rade ont trouvé plus commode pour ce service spécial de supprimer l'éperon tout en conservant à l'avant la fargue relevée et pointue de ces bateaux. On a ainsi, et on en voit encore un assez grand nombre, des bateaux du type à éperon sans éperon.

Depuis plusieurs années, les bateliers de la rade ont adopté un nouveau type de bateau, genre catalan, qu'on désignerait à Marseille sous le nom de *barquette*. Les Toulonnais les appellent bateaux-bateliers, *rafiaus* ou *pointus*. Cette dernière désignation est fréquemment employée par les officiers de marine, sans doute par opposition aux embarcations de l'Etat dont la poupe est carrée.

Le bateau Toulonnais, genre catalan, mesure de 4 m. 50 à 6 m. 50 de longueur. Il est relativement court. Sa largeur varie entre 0,37 et 0,42 de sa longueur et le creux est de 0,35 à 0,40 de la largeur. Ces bateaux portent des fargues. L'étrave et l'étambot sont recourbés en dedans et le capion se prolonge d'environ 0 m. 50 à 0 m. 60 au-dessus du plat bord.

Dispositions intérieures. — Sur l'avant, à la hauteur des bancs se trouve un tillac d'environ 0 m. 70 à 1 mètre de longueur, limité par le banc avant qui sert au batelier pour la nage. Après celui-ci vient le banc du mât.

La chambre s'étend du banc du mât jusqu'au coqueron dans lequel se tient le timonier et qui occupe environ un mètre à partir de l'étambot. La chambre n'a pas de bancs transversaux fixes ou mobiles. Il existe en abord, à la hauteur des bancs sur toute la longueur du bateau, une gouttière dite *trinquerin*, large d'environ 0 m. 40, qui est capelée sur les membrures et qui sert de bancasse. Cette bancasse représente une sorte de demi-pontée avec dalots à la position de chaque membrure. Sur la longueur de la chambre la bancasse est supportée par deux courbes en bois de chaque bord fixées sur la membrure. Dans le milieu de la chambre on place longitudinalement une bancasse mobile pour le cas ou on embarque un grand nombre de passagers. Dans ces conditions, un bateau de 6 mètres porte en rade environ vingt-cinq passagers et même jusqu'à trente-cinq quand ce sont des matelots.

Un payol transversal règne sur toute la longueur du bateau. Le lest est en fonte moulée ou en pierres de taille et se place sur membrure à l'arrière du mât.

Ces bateaux arment une paire d'avirons et portent deux tolets supplémentaires pour nager une deuxième paire d'avirons au besoin. Ils sont presque toujours manœuvrés par un seul homme. C'est pour cela que la voilure habituelle ne comporte seulement que la voile. L'amure de celle-ci passe en retour sous la bancasse pour être tirée ou filée de l'arrière par le batelier qui se tient debout dans le coqueron d'où il gouverne.

La voile porte deux ris.

Quelques bateaux récemment construits portent par beau temps un foc sur bout dehors.

Peinture. — Il est à remarquer qu'aucun de ces bateaux Toulonnais n'est peint en noir à l'extérieur. Tous sont de couleur claire, assez variées, mais le plus souvent blanc. Les fargues sont de couleur différente et cette même couleur des fargues se répète généralement sur les bancs et les bancasses à l'intérieur et sur le mât jusqu'à la hauteur d'environ 1^m 30. A l'extérieur on a un ou deux cordons de couleur ou en bois naturel vernis. Le payol est peint en rouge brun.

Nous donnons ci-après le relevé des dimensions et indications spéciales d'un *rafiau* ou *pointu* Toulonnais qui est un des plus récents et des mieux réussis dans ce genre.

La planche 4 représente le plan de formes de ce bateau.

Dimensions principales

Longueur entre perpendiculaires au plat bord...	6^m »
Largeur au fort....................................	2.34
Creux de dessus quille au plat bord............	0.90
Longueur de la chambre............................	2.85
— du tillac..	1.20
Poids du lest en fonte moulée.....................	220 kil

Echantillons des bois composant la coque

Quille..	0^{m}060
Membrure sur le droit..........................	0.045
Maille entre membrures.........................	0.250

Banquière	$0^m110 \times 0^m030$
Banc du mât	0.300×0.090
Queira en chêne portant à l'extérieur un fer demi-rond de	0.100
Feuille bretonne	0.060
Bancasse servant de gouttière, trinquerin, capelée sur la membrure	0.035×0.400
Garde-banc *navette* prenant cinq mailles et entaillée sur le banc du mât	0.100×0.220
Emplanture du mât (escasse) chêne prenant six membrures dans lesquelles elle est encastrée	0.120×0.200
Plat bord	0.04×0.080
Fargues	0.140
Cordon sous la gouttière, en chêne	0.060
portant un fer demi-rond de	0.025
Gouvernail (ormeau) largeur	0.600
— épaisseur	0.038
dépassant en dessous la quille de	0.600

Cadenot avant et arrière en chêne.

Mâture. — Mât placé sur la face arrière du banc à 2m.33 de la rablure d'étrave au plat bord et maintenu par un demi-collier à charnière, en fer, ayant comme largeur l'épaisseur du banc.

Longueur du mât........................... 6^m »

Tête du mât octogone avec clan de drisse transversal.

Antenne portée sur babord.

Point de suspension à 2 m.25 de l'extrémité du quart.

Longueur de la penne	8^m30
— du quart	4.85
— du croisant	3.60

Voilure. — Voile en toile coton n° 7 avec lès de 0m50
La voile porte deux rangées de ris qui sont à 1 m. 40 et 2 m. 30 de l'extrémité de l'empointure.

Les garcettes d'envergure et les rabans de ris sont distants de........................ 0.45

Envergure de la voile........................ 9.55

Bordure........................ 5.05

Chûte de la voile........................ 7.65

Lorsqu'on prend un ris, la surface de la voile est réduite au 0,80 de la surface totale et avec deux ris à 0,68 de cette même surface.

Foc. — Placé sur un bout dehors qui est en saillie de 1 m. 30 de l'étrave. Le bout dehors est horizontal et porté par deux blins dont un est boulonné sur le capion, l'autre fixé sur le cadenot avant.

Envergure du foc........		4m50
Bordure........		2.75
Chute........		3.40
Surface de voilure...	voile........	19m²70
	foc........	4. 75
	Surface totale........	24m²45

Le rapport de la surface totale (voile et foc), avec celle du parallélogramme circonscrit est de 1,74.

Gréement. — L'itague de l'antenne ou *flon de drisse,* a 60 millimètres, le palan de drisse est double avec garant de 45 millimètres. Il est frappé sur un piton à écrou placé sur l'emplanture du mât à l'arrière de celui-ci.

Le bragot de l'antenne est formé d'une herse en bitord recouverte de basane, dans la partie qui rague sur le mât. Le *flon de drisse* est épissé sur le bragot. Dans le bragot passe la drosse de 48 millimètres, garnie en lanière de basane et portant une moque. Le ridage se fait au moyen

6

d'une autre moque servant de palan simple frappé en abord sur une boucle fixée sur la bancasse. Un tolet en fer placé sur le banc, de chaque côté du mât, sert d'un bord pour tourner la drisse de foc, de l'autre pour la drisse de l'antenne.

Une petite boucle fixée sur le banc du mât, à l'avant de celui-ci, sert à conduire l'orse poupe, qui fait retour pour passer sous la bancasse, afin d'être manœuvrée par le timonier.

L'oste n'est pas en usage pour le service de la rade et ne sert que lorsqu'on dépasse celle-ci.

Une cargue établie sur la ralingue de bordure de la voile, fait retour dans une poulie frappée à l'épissure du flon de drisse.

L'écoute de 60 millimètres est fixée à la voile par un nœud d'écoute.

Le dit bateau a ses œuvres-mortes peintes en blanc avec fargues en vert d'eau et liston en chêne naturel au-dessus du queira. A l'intérieur, les bancs, les bancasses et la partie basse du mât sont de même couleur que les fargues; le reste est en blanc, à l'exception du payol qui est en rouge brun.

Prix de revient

Le prix de revient de ce bateau est de 1.500 francs, dont 950 francs sont applicables à la coque, comprenant mât, antenne, ferrures, 220 kilogrammes de lest en fonte moulée et une couche de peinture grise.

La voilure, voile et foc, reviennent à environ 150 francs.

L'armement, qui comprend gréement, filin, poulies, avirons, grappins, une tente avec rideaux, bandes en cuivre à divers portages, peinture et divers menus objets, s'élève à 400 francs environ.

CHAPITRE III

GOURSES

Le gourse est pointu à ses deux extrémités. Il se caractérise par son étambot sensiblement vertical, son étrave droite avec capion très court, son peu de tonture et sa muraille non rentrante. Le creux, par rapport à la largeur, est généralement un peu plus important que pour la *barquette*. Le gourse ne porte pas de fargues proprement dites.

La dénomination de *gourse* vient du genre de sa coque. Il n'a pas de voilure distincte; il porte tantôt une voile à antenne, tantôt une voile à bourcet, et, le plus souvent, surtout dans les gourses de plaisance, une voile de houari ou de sloop.

Les gourses en usage chez les bateliers sont entièrement ouverts. Les gourses de plaisance sont pontés, avec cook-pitt à l'arrière.

Les échantillons de bois d'un *gourse* sont établis sur les mêmes principes que pour les bateaux dits à éperon. Seul, le queira y est remplacé par un bordage de préceinte ordinaire, sur lequel on place un ou deux listons ou cordons.

Nous donnons, planche 5, un plan de formes de *gourse*.

CHAPITRE IV

BARQUETTES

La *barquette* est pointue à l'avant et à l'arrière, comme le *gourse*, mais, en général, elle est plus rase sur l'eau et plus tonturée que celui-ci. Son étrave est arrondie et dominée par un capion très saillant de forme variable. (Voir planche 6).

L'étambot est courbé et rentrant.

Les formes de la barquette sont, d'une façon générale, très arrondies et ses sections horizontales, aux extrémités avant et arrière, sont plus pleines dans le haut et plus creuses dans le bas que sur le gourse.

La barquette porte des fargues relativement hautes et légèrement rentrantes, elle est plus spécialement voilée à antenne.

La barquette est ouverte, demi-pontée, ou pontée comme les bateaux dits à éperon. Ses échantillons de bois sont plus légers que ceux-ci et que ceux du gourse. Dans les plus petites barquettes (4 mètres à 4 m. 50), les allonges de la membrure descendent jusqu'à l'axe de la quille et se trouvent réunies en cet endroit, en guise de varangue, par une garde ou jumelle ayant la largeur de la carlingue, tenue, dans ce cas, plus large que d'ordinaire. Cette disposition a pour but de présenter plus de légèreté que l'assemblage habituel entre allonges et varangue et de simuler une membrure ployée.

Nous donnons, planche VI, le plan des formes d'une barquette.

Le type de bateau employé à la petite pêche, dans les quartiers maritimes de Cannes, Antibes et Nice, est une variété de la barquette. Mais ces bateaux ne portent pas de fargues. Leur capion est élevé au-dessus du plat-bord

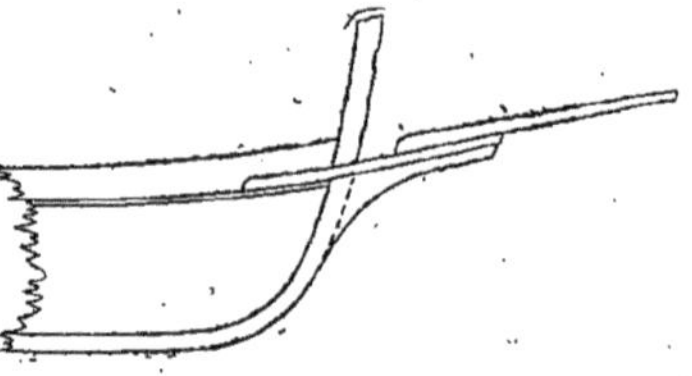

FIGURE 19

d'environ 0 m. 50 à 0 m. 60 et un grand nombre d'entre eux sont coiffés à l'avant d'une sorte d'éperon très saillant qu'en idiome local on indique sous le nom de ***pitalo***. — Le pitalo sert souvent à fixer un bâton de foc.

La figure 19 montre cette disposition.

CHAPITRE V

BETTES

(Plan de formes : planche 7)

Exposé général

La *bette* est le bateau plat exclusivement employé sur les côtes de Provence. Elle est plus spécialement en usage pour la petite pêche, dans les quartiers maritimes de Martigues et de Cette, mais on la rencontre sur toutes les plages du littoral Français de la Méditerranée.

La *bette* a le fond plat avec une muraille droite uniformément inclinée, se raccordant à angle vif avec le fond qu'on désigne sous le nom de *plan*. L'étrave et l'étambot sont droits sous une inclinaison prononcée.

On faisait autrefois des bettes allant jusqu'à 27 et 28 pans, c'est-à-dire 6 m. 75 et 7 mètres. On ne dépasse plus actuellement 26 pans, soit 6 m. 50. Les plus petites bettes ont 3 mètres et sont dénommées *nègue-chins*.

A la longueur de 21 pans et au-dessus, les bettes portent des fargues. Au-dessous de 21 pans, elles n'ont plus de fargues. On désigne quelquefois les bettes qui n'ont pas de fargues sous le nom de *barquet*.

La voilure de la bette se compose d'une voile latine enverguée sur antenne et d'un foc qu'on amure sur le capion.

Proportions de la coque

Longueur. — La longueur se désigne en pans (0 m. 25). Au point de vue du constructeur, elle se mesure dans le fond du bateau qu'on dénomme le *plan*. C'est, autrement dit, la longueur de la quille.

Largeur. — La largeur, toujours exprimée en pouces, se mesure également sur le fond, c'est-à-dire au *plan* du bateau et à la position du maître-couple. Elle varie de 0,28 à 0,32 de la longueur.

LONGUEUR		LARGEUR MOYENNE au plan	CREUX MOYEN	RAPPORT	
EN PANS	EN MÈTRES L	l	c	de la larg. à la long. $\frac{l}{L}$	du creux à la largeur $\frac{c}{l}$
12	3m »	0m 96	0m 40	0, 320	0, 42
13	3. 25	1, 02	0, 42	0, 315	—
14	3. 50	1, 08	0, 45	0, 310	—
15	3. 75	1, 15	0, 48	0, 308	—
16	4. »	1, 22	0, 51	0, 305	—
17	4. 25	1, 28	0, 53	0, 302	—
18	4. 50	1, 35	0, 56	0, 300	—
19	4. 75	1, 41	0, 59	0, 298	—
20	5. »	1, 48	0, 62	0, 296	—
21	5. 25	1, 54	0, 64	0, 294	—
22	5. 50	1, 60	0, 67	0, 292	—
23	5. 75	1, 66	0, 70	0, 290	—
24	6. »	1, 72	0, 72	0, 288	—
25	6. 25	1, 78	0, 74	0, 286	—
26	6. 50	1, 84	0, 77	0, 284	—
27	6. 75	1, 90	0, 79	0, 282	—
28	7. »	1, 96	0, 82	0, 200	—

Creux. — Le creux se prend au maître-couple sous plat-bord. On l'exprime en pouces. Il est généralement les 0,42 de la largeur au plan.

Le tableau de la page 88 indique les dimensions principales le plus généralement en usage et leurs relations.

Détermination des formes

Les formes d'une *bette* ne se déterminent pas suivant un plan préalablement dressé, en suite duquel on fait un tracé en grandeur d'exécution pour obtenir les gabarits des membrures.

Les charpentiers spécialisés à ce genre d'embarcations déterminent directement sur le chantier même, les formes de la bette en se servant des règles pratiques en usage que nous indiquons ci-après.

Hauteur avant et arrière. — La hauteur sur l'étrave, par rapport au creux au milieu, varie de 1,1 à 1,3 ; sur l'étambot, elle est de 1,3 à 1,5.

Cette variation dépend de l'importance de la courbure donnée au bordage du can. Le plus souvent, on rapporte en outre, au-dessus du bordage supérieur, à l'extrémité avant et arrière, une petite pointe dans le but d'augmenter la tonture. On dispose cette pointe de manière à ce que le joint soit caché par le cordon extérieur.

Inclinaison de l'étrave et de l'étambot. — L'étrave et l'étambot sont droits et inclinés. L'inclinaison de l'étrave est généralement de 122 degrés. Celle de l'étambot se fait le plus souvent à 115 degrés, excepté pour les *bettes* qui font la pêche à la fouine, sur lesquelles l'inclinaison de l'étambot est réduite à 110 degrés dans un but de commodité pour l'homme qui lance la fouine (*le fichouiraïré*) et qui se tient debout dans le coqueron arrière.

Inclinaison de la muraille. — L'inclinaison de la muraille varie de 110 degrés à 115 degrés. Généralement cette inclinaison est uniforme pour toutes les membrures qui, vues dans le plan vertical, demeurent ainsi parallèles entre elles. Quelquefois, on donne un peu plus de rond dans la partie haute à l'arrière, c'est-à-dire que, dans cette partie, les membrures ont un peu plus d'inclinaison que les autres membrures.

Division des membrures. — L'intervalle d'axe en axe entre les membrures, qu'on désigne improprement par le nom de maille, est d'environ 26 centimètres.

Le dernier couple à placer sur l'avant et sur l'arrière, doit être tenu distant d'une maille et demi de l'extrémité de la quille, c'est ce qu'on appelle la *laisse* avant et arrière. Les *laisses* se remplissent après coup par un faux couple.

On considère que la longueur de la quille exprimée en pans indique, *a priori*, le nombre de couples qu'on pourrait placer sur cette quille, mais comme il faut déduire de cette longueur les *laisses* avant et arrière qui représentent chacune la distance de un demi-couple, soit trois couples pour les deux, on a donc comme nombre réel de couples, le nombre qui exprime en pans, la longueur de quille, moins trois.

Ainsi, pour une bette de 19 pans de quille, on aura seize couples formant quinze mailles.

Pour obtenir la division exacte des couples, il faut donc d'abord déterminer exactement l'importance des *laisses*, puis répartir également les couples.

Voici comment on procède :

1° Pour déterminer la *laisse* avant et arrière, on divise la longueur de la quille par le nombre de couples plus deux, et au quotient ainsi obtenu, on ajoute la moitié de ce même quotient.

2° Pour la répartition des couples, on divise en parties égales le restant de la longueur de la quille, c'est-à-dire la distance d'une laisse à l'autre.

Prenons un exemple :

Une bette a une longueur de quille de 4 m. 75, c'est-à-dire 19 pans, soit après déduction des laisses avant et arrière, seize couples formant quinze mailles.

On a donc 16 + 2 = 18.

Or, la longueur du plan de la bette 4 m. 75, divisée par le nombre de couples, 16 + 2 = 18, donne :

$$\left.\begin{array}{ll} & \dfrac{4,75}{18} = 0,264 \\ \text{dont la moitié} & \quad\;\; = 0,132 \end{array}\right\} 0,396$$

Total des laisses = 0,396 × 2 soit 0,792 à retrancher de 4 m. 75, ce qui donne un restant de longueur de quille de 3 m. 958 à répartir entre les couples.

Or, la longueur à répartir entre les couples étant de 3 m. 958 et le nombre de mailles étant de quinze, on a :

$$\frac{3,958}{15} = 0,264$$

pour la distance exacte entre chaque maille ou *intervalle de couple*.

On remarque en effet que :

$$0,264 + \frac{0,264}{2} = 0,396$$

distance déterminant la longueur des laisses.

Le dessin, planche VII, qui représente le plan des formes d'une bette de 4 m. 75 est fait d'après ces données.

A cause du poids que la bette est appelée à porter plus particulièrement sur l'arrière, on fait souvent cette partie un peu plus pleine de forme que la partie avant en faisant courir toutes les membrures d'environ trois centimètres sur l'arrière lorsque celles-ci ont été faites à la même largeur pour l'arrière comme pour l'avant.

Tracé des membrures, contour du plan. — La largeur à donner à chaque membrure est déterminée par le contour du plan.

Deux procédés sont en usage pour tracer ce contour.

Le premier consiste à tracer sur la demi-largeur du bateau le quart de nonante A.*p.o.m.n.g.* (figure 1, planche C) et à développer la courbure suivant l'emploi habituel de ce procédé. On trace symétriquement la courbure avant et arrière, et lors de la mise en place, on fait courir de quelques centimètres les membrures arrière si on veut renfler cette partie du bateau.

Mais on obtient directement ce même résultat en traçant la courbure arrière suivant l'obliquité des ordonnées *am*, *bn*, *co*, *dp*, et la courbure avant en prenant ces données normalement à la base arrière sur les points *m*, *n*, *o*, *p*.

Le deuxième procédé (figure 2, planche C), consiste à diviser la demi-largeur en un nombre de parties égales telles que la distance entre le premier et le deuxième couple comprenne une partie, celle entre le deuxième et troisième couple comprenne deux parties, celle entre le troisième et quatrième couple comprenne trois parties, celle entre le quatrième et le cinquième couple comprenne quatre parties, et ainsi de suite jusqu'au dernier couple avant et arrière.

La distance entre le dernier couple et l'axe vertical doit comprendre autant de parties que ce qu'en comporte, dans l'ordre d'idées qui précède, le couple et demi que représente la laisse.

Pour déterminer le nombre de parties qui varie suivant la longueur du bateau, il faut d'abord déterminer, par les règles pratiques qui précèdent, quel est le nombre de membrures que comprendra la longueur du bateau.

Admettons huit membrures avant et arrière pour une bette ayant 4 m. 75 de longueur et 1 m. 40 de largeur.

On aura donc comme distance entre les couples sur la demi-largeur du plan vertical qui est de 0 m. 70 :

1 partie entre le		1er	et le	2e couple	
2	—	2e	—	3e	—
3	—	3e	—	4e	—
4	—	4e	—	5e	—
5	—	5e	—	6e	—
6	—	6e	—	7e	—
7	—	7e	—	8e	—
8	—	8e	—	9e	fictif.
4	—	9e fictif au		$\frac{10}{2}$	fictif.
40					

Le huitième couple est en réalité le dernier qui soit en place; mais la laisse équivalant comme longueur à un demi-couple, il faut compter, dans ce cas, comme s'il y avait un demi-couple de plus pour atteindre l'extrémité de la quille, soit le nombre de parties qui existerait entre le huitième et le neuvième couple et la moitié de celui entre le neuvième et le dixième.

La division de la demi-largeur, soit 0,70, devrait comprendre, pour une bette de 4 m. 75, quarante parties égales servant à déterminer la position des couples comme il a été dit plus haut. La courbure ainsi obtenue ne diffère pas sensiblement de celle tracée par le quart de nonante. Cette dernière donne un peu plus de rond.

Détermination de la tonture. — La tonture, qu'en langage local on appelle le *feu* ou *chooulamen,* ne se trace pas directement sur les membrures. Elle vient toute seule comme conséquence naturelle de l'obliquité de la muraille et d'une courbure donnée préalablement au can inférieur du bordage le plus bas, c'est-à-dire celui qui forme l'angle de la muraille avec le fond du bateau.

Voici comment on procède pour déterminer l'importance de cette courbure. (Planche D.)

Étant donné FGBED coupe transversale de la *bette* à construire, dont AC est l'axe vertical, on trace EK, perpendiculatre à la muraille ED ; suivant qu'on désire avoir plus ou moins de tonture, on prend pour flèche de la courbe à donner au can inférieur du bordage EM, ***la moitié*** de IB ou de HL, perpendiculaire à EK, ou la moitié de BH, sur l'axe AC, ou encore la moitié de BK parallèle à la muraille FG.

C'est avec la moitié de BI qu'on obtient le minimum de tonture. Viennent ensuite la moitié de BH, puis de LH, et finalement de BK qui représente le maximum admis.

Lorsque la flèche de courbure a été déterminée par un des moyens qui précèdent, on la porte sur le bordage EMNO à la position du maître-couple, soit en RP, à partir du can inférieur EO dudit bordage préalablement dressé et coupé de longueur.

On trace ensuite le quart de nonante RPS, et au moyen de ce quart de nonante on développe, suivant l'usage, la courbe EPO. Lorsque le bordage est ployé contre la membrure, cette courbe EPO détermine à la fois la courbure longitudinale du *plan*, c'est-à-dire du fond, et celle de la tonture.

Le can supérieur MN du même bordage EMNO, reste absolument ligne droite. Il en est de même des deux cans, supérieur et inférieur, des bordages placés au-dessous.

Ainsi qu'il a été dit plus haut, on augmente encore la

tonture en rapportant aux extrémités avant et arrière une pointe, c'est-à-dire un bout de bordage de forme triangulaire, ayant 0 m. 30 à 0 m. 50 de longueur. Le joint que forme cette pointe avec le can supérieur du bordage sur lequel elle est fixée, se trouve en grande partie caché par le cordon extérieur.

Courbure du fond. — Le fond plat d'une bette n'est pas absolument plan. On donne à la *maïré*, bordage qui forme la quille et sur lequel on fixe les membrures, une courbure longitudinale qui est obtenue en même temps que la tonture par le bordage inférieur de la muraille. Dans le sens transversal, les varangues portent également une inclinaison ou une courbure qui varie d'environ 0,01 centimètre par mètre de la largeur du bateau.

Pièces composant la coque

Dénomination (Figures 1 et 2, planche E)

A **Quille,** dite *maïré,* en sapin dans les petites embarcations et en chêne pour les grandes.

B **Allonge de la membrure,** en chêne de Provence ou en pin maritime, formée d'une seule pièce par une courbe avec angles arrondis.

C **Varangue de la membrure,** dite *madié,* en chêne ou en pin, trois au moins sont surhaussées à la position de l'emplanture du mât.

D **Bordage,** dit *bordage de can,* en sapin dans la partie inférieure, découpée suivant une courbe tracée au quart de nonante qui sert à déterminer la tonture et la courbure du plan. (Voir planche D).

E **Bordage du haut** en sapin, de largeur uniforme et droit.

F **Bordage intermédiaire**, en sapin également de largeur uniforme et droit. Jusqu'à la longueur de 23 pans, la muraille comprend trois bordages. Au-dessus de cette longueur, elle en comporte quatre.

G **Carlingue** dite *méoule*, en sapin. Le méoule et la maïré, c'est-à-dire la carlingue et la quille sont fixées ensemble par des clous et non par des chevilles.

H **Bordage**, dit *cantier*, souvent en chêne pour les grandes embarcations, a une largeur presque régulière sur le contour du plan qu'il limite de l'avant à l'arrière.

IJ **Bordages du plan**, en sapin, terminant en pointe sur le *cantier*.

K **Bauquière**, dite *sarèto*, en sapin.

L **Banc du mât**, dit *ban d'arboura*, en sapin sur les petits bateaux et en chêne sur ceux au-dessus de 23 pans. Les bancs ordinaires, qu'ils soient ou non mobiles, sont en sapin.

M **Garde-banc**, souvent en chêne, s'entaille sur les membrures et sur le banc du mât.

N **Feuille**, *fuyo*, en sapin.

O **Plat-bord**, en sapin.

P **Toletière**, en chêne de Provence, recevant de fortes chevilles également en chêne comme tolets.

Q **Liteau**, dit *redoun*, doublant le bordage du haut. Dans les bettes de plaisance, ce liteau n'existe pas et on place un cordon demi-rond à 12 ou 15 centimètres en contre-bas du plat-bord, au milieu et seulement de 10 à 12 centimètres aux extrémités.

R **Macaron**, en chêne, entaillé dans le plat-bord et servant de point d'appui à la fargue.

S **Fargues**, dites *faouco*, en sapin, ne se placent qu'aux bettes de plus de 23 pans.

Les fargues, dans les bettes, offrent ceci de particulier qu'elles sont relativement très hautes au milieu du bateau, pour finir à rien à la distance de 0,50 ou 0,80 environ de l'extrémité avant et arrière. Elles sont très inclinées vers l'axe du bateau et leurs parties mobiles glissent comme dans une rainure formée par la coupe biaise que présentent les parties qui demeurent fixes.

LONGUEUR AU PLAN		HAUTEUR DE LA FARGUE au milieu
En pans	En mètres	
21	5 m 25	0 m 18
22	5. 50	0. 20
23	5. 75	0. 22
24	6. »	0. 24
25	6. 25	0. 26
26	6. 50	0. 28

Le tableau ci-dessus indique la hauteur qu'on donne aux fargues, au milieu de la longueur des bettes.

Gouvernail

Le gouvernail des *Bettes* dépasse toujours la quille, lorsque celles-ci naviguent à la voile à une profondeur d'eau suffisante. Dans les bas-fonds, on ramène le gouvernail au niveau de la quille en le relevant de manière à ce que l'aiguillot placé à la partie haute du gouvernail vienne s'appuyer sur la tête de l'étambot à la hauteur du plat-bord.

Les ferrures du gouvernail n'ont d'autres particularités que la grande longueur des aiguillots pour permettre le changement de hauteur du gouvernail; dans ce but, le femelot placé sur le gouvernail est fait avec beaucoup de jeu.

La barre du gouvernail, dite *arjoon*, est droite, en bois dur. Elle se capelle sur la tête du gouvernail qui porte dans ce but un petit épaulement de chaque côté. Cette barre doit pouvoir s'enlever facilement pour la passer au vent de l'écoute dans les virements de bord.

Le tableau suivant indique les largeurs de gouvernail, et la quantité dont ceux-ci dépassent la quille.

LONGUEUR DE LA BETTE AU PLAN		GOUVERNAIL	
En pans	En mètres	Long. sous Quille	Largeur
16	4m »	0m 80	0m 22
18	4. 50	1. »	0. 26
20	5. »	1. 25	0. 30
22	5. 50	1. 36	0. 35
24	6. »	1. 46	0. 39
26	6. 50	1. 53	0. 43
28	7. »	1. 58	0. 47

Dispositions intérieures

(Figure 2, planche E)

T **Tillac**, dit *taoumé*, à la hauteur du plat-bord. Les nouveaux bateaux pêcheurs de grandes dimensions, prolongent le tillac, en plan incliné jusqu'au premier banc avant, pour en faire une sorte de magasin avec panneaux d'accès sur la partie du plan incliné.

U **Bitte** simple, en chêne, servant à l'amarrage du bateau.

V **Banc de nage**, fixe.

X **Banc du mât** plus large et plus épais que les autres bancs et solidement maintenu par la pièce M dite *garde-banc*, entaillée dans les membrures.

Y **Banc mobile**, dans les bettes de pêche, afin de pouvoir loger les filets dans la chambre arrière. Les bettes de plaisance suppriment ce banc transversal qu'elles remplacent par une bancasse à passagers faisant le tour de la chambre avec dossier à la place du *senon*.

Z **Caisson**, dit *senon*, caisson découvert occupant toute la largeur du bateau en cet endroit.

ZA **Coqueron** arrière, dit *trachaou*, assez grand pour qu'un homme puisse s'y placer debout, soit pour gouverner l'embarcation, soit pour pêcher à la fouine. Le payol triangulaire placé dans le trachaou s'appelle la *tooulctto*.

ZB **Cadeneau**, en chêne, entaillé dans le bordé extérieur et servant à l'amarrage du bateau.

En général, les bettes employées à la pêche n'ont pas de payol.

Mâture et voilure

(Voir planche VIII)

Longueur du mât. — Le mât doit avoir pour longueur un mètre de moins que la longueur de la quille, *plan*.

Position du mât. — Quelques charpentiers placent le mât sur le premier couple avant, d'autres le placent entre le premier et le deuxième couple ; mais le plus généralement sa position est déterminée en avant du milieu en multipliant la longueur de la quille par 0 m. 05.

Croisant de la penne et du quart. — Le croisant de la penne et du quart est tel que, pour tous les bateaux, la penne arrive à environ 1 mètre de l'extrémité basse du quart; l'extrémité haute du quart vient jusqu'à environ 2 mètres du bout de la penne. La partie extrême de la penne s'appelle ***espigoun.***

Point de suspension de l'antenne. — Le point de suspension, ***le bragot***, se place de 0 m. 25 à 0 m. 30 au-dessus du tiers de la longueur totale de l'antenne à partir de l'extrémité basse du quart.

Surface de voilure. — La surface de voilure varie entre 1,7 et 2,6 de la surface du rectangle circonscrit au plan de la bette La voile seule représente 0,86 à 0,92 de la surface totale, le foc n'étant conséquemment, que 0,08 à 0,14 de cette même surface.

Le tableau ci-après résume les proportions de mâture et de voilure des bettes.

LONGUEUR du *Plan*		LONGUEUR TOTALE		SURFACE DE VOILURE			RAPPORT de la surf. de voilure au parallélogramme circonscrit au *plan*.
En pans	En Mètres	Du mât	De l'antenne	Voile	Foc	Total	
16	4^{m} »	3^{m} »	5^{m} 50	7^{m2} 62	0^{m2} 67	8^{m2} 29	1, 70
17	4 25	3 25	5 85	8 55	0 75	9 30	1, 71
18	4 50	3 50	6 15	9 50	0 94	10 44	1 72
19	4 75	3 75	6 45	10 60	1 05	11 65	1, 74
20	5 »	4 »	6 90	11 85	1 32	13 17	1, 78
21	5 25	4 25	7 25	13 26	1 52	14 78	1, 83
22	5 50	4 50	7 75	14 95	1 85	16 80	1, 91
23	5 75	4 75	8 25	16 99	2 10	19 09	2, »
24	6 »	5 »	8 80	19 16	2 61	21 77	2, 11
25	6 25	5 25	9 40	21 73	2 96	24 69	2, 22
26	6 50	5 50	10 »	24 55	3 67	28 22	2, 36
27	6 75	5 75	10 60	27 89	4 17	32 06	2, 50
28	7 »	6 »	11 20	30 67	5 »	35 67	2, 60

Prix de revient

LONGUEUR du *plan* en pans	LONGUEUR du *plan* en mètres	PORTÉE EN TONNEAUX	PRIX DE LA COQUE AVEC MATURE ET GOUVERNAIL Bettes avec fargues	PRIX DE LA COQUE AVEC MATURE ET GOUVERNAIL Bettes sans fargues	OBSERVATIONS
16	4m. »	—	—	135f »	Pour les bateaux de plaisance, on fait généralement le 25 pour 100 en sus des prix ci-contre. La voilure et l'armement ne sont pas compris dans lesdits prix.
17	4. 25	—	—	145 »	
18	4. 50	—	—	155 »	
19	4. 75	—	—	165 »	
20	5. »	1t »	335f »	180 »	
21	5. 25	1 260	260 »	200 »	
22	5. 50	1 750	290 »	225 »	
23	5. 75	2 500	325 »	—	
24	6. »	3 500	365 »	—	
25	6. 25	4 750	400 »	—	
26	6. 50	6 250	460 »	—	

CHAPITRE VI

NOTIONS SUR LA MANŒUVRE

DES VOILES LATINES

Exposé général

La voilure latine, malgré sa simplicité, exige pour sa manœuvre, une assez grande habitude. Si par faible brise, tout amateur peut, lui-même, manœuvrer aisément une voile latine, on ne saurait méconnaître que par mauvais temps cette voilure devient parfois dangereuse. C'est ce qui a donné lieu à ce proverbe des vieux pêcheurs s'adressant aux débutants :

Sé mi counouissès pas
Mi toquês pas.

Ce qui veut dire :

Si tu ne me connais pas
Ne me touche pas.

La faveur persistante dont jouit la voilure latine sur les côtes de Provence, permet cependant d'admettre que ce proverbe est quelque peu exagéré et que, en raison même de la simplicité du système, l'expérience est bien vite acquise. C'est ce que témoigne le nombre toujours croissant d'amateurs naviguant sous cette voilure.

Lorsque l'antenne est placé à babord du mât et qu'on est tribord amure, c'est-à-dire lorsque la voile reste sous le vent, ou dit qu'on va du *bon bord* ou à *bonne main (boueno man)* (figure 21); par contre, si on est babord amure, la voile porte sur le mât et on dit alors qu'on va du *mauvais bord,* de la *mauvaise main*, ou, suivant l'expression locale, *à bido* (figure 23).

Dans la voile latine, il faut, lorsqu'on va du bon bord ou de la bonne main, manœuvrer simultanément l'écoute qui oriente la voile et le *palan de devant* qui règle la position de l'antenne.

Lorsque la voile porte sur le mât, qu'on va de la mauvaise main ou à bido, l'écoute peut rester bordée à bloc alors que le devant oriente l'antenne, soit pour le largue, soit pour le vent arrière.

Tréloucher, c'est changer la position de la voile pour la manœuvre du virement de bord.

Nous donnons ci-après quelques notions sur les diverses manœuvres auxquelles donne lieu une voile latine et qui consistent à :

Enverguer.

Hisser.

Orienter aux trois allures.

Carguer.

Amener.

Serrer et prendre des ris.

Enverguer

Pour enverguer la voile sur l'antenne, celle-ci est amenée peu au-dessus du pont, soutenue seulement par la drisse et maintenue par le palan de devant, de façon à ce que l'extrémité de la penne ne touche pas l'eau. On commence par capeler la ganse d'amure sur l'extrémité du quart, puis on passe le raban d'empointure ou tirant de la voile, à l'extrémité de la penne, en ayant soin de laisser l'oste à tribord de la voile, si l'antenne est à babord et réciproquement.

Les pêcheurs et les pilotes enverguant souvent à la mer, ou la nuit, trouvent commode de capeler à l'extrémité de la penne une corne percée d'un trou, pour le passage du tirant ou raban d'empointure, qui s'attache un peu plus bas sur l'antenne (figure 20).

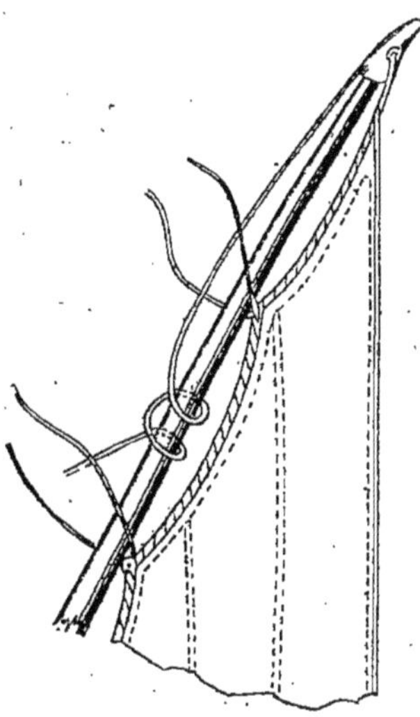

FIGURE 20

Les bateaux de plaisance, barquettes, gourses, bettes et en général les petites embarcations, passent le tirant de la voile dans une simple rainure ménagée à l'extrémité de la penne.

On ride tant qu'on le peut la ralingue d'envergure, au moyen du tirant de la voile qui, ainsi qu'il a été dit plus haut, s'amarre ensuite à la penne. Il ne reste plus qu'à fixer les garcettes sur l'antenne, pour que la voile soit enverguée.

Hisser

Lorsque la voile est enverguée sur l'antenne, on peut hisser celle-ci avec la voile laissée libre ou avec la voile carguée (*empennado*).

Lorsque la voile est laissée libre, on fixe provisoirement le palan du devant; sans cette précaution, le quart monterait avant la penne et la voile serait renversée de haut en bas.

Lorsqu'on hisse la voile toute carguée (*empennado*), ce qui se fait le plus souvent, on retient le point d'écoute sur l'antenne au moyen d'un nœud de ganse fait avec l'écoute elle-même; le bout de l'écoute pend en arrière du mât et l'on n'a, au moment voulu, qu'à le tirer, pour que ce nœud se desserre et que la voile tombe.

Quand on hisse la voile au largue ou au vent arrière, avec du vent et que l'on n'a pas le temps de la carguer, c'est-à-dire l'empenna, on doit toujours amarrer l'écoute en bande.

Orientation aux trois allures

Plus près. — Au plus près du vent, l'écoute est bordée, l'oste est en bande et reste amarrée provisoirement sur la drosse, à portée de la main (figure 21). Le palan de devant et l'orse poupe sont bordés, mais pas à bloc, surtout si la voile porte sur le mât, c'est-à-dire si on va de la mauvaise main, soit à bido.

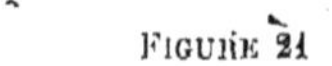

FIGURE 21

Le rôle de l'orse poupe, au plus près, est de soulager la ralingue de bordure de la voile. Il ne faut cependant pas que l'orse poupe soit par trop souquée, car, dans ce cas, la voile établit mal et sa chute trop tirée ne dévente plus.

Largue. — Suivant la force du vent, la voile latine s'oriente au largue de plusieurs façons.

Avec brise faible ou moyenne, on choque le palan de devant et l'écoute, sans choquer l'orse poupe, de sorte que le quart, ainsi maintenu, reste à la même distance du mât qu'au plus près du vent. La voile prend dans cette orientation le vent plus haut.

L'oste ne s'utilise en guise de bras que dans le cas où l'agitation de la mer secouerait trop l'antenne.

Avec vent frais et très frais, deux cas sont à considérer, suivant que l'on court tribord ou babord amure.

A la bonne main, le devant se choque en grand, l'écoute se dépasse du *casse-escote* pour s'amarrer solidement, mais avec du mou, au banc placé en arrière de celui du mât, dit *banc d'apé;* l'orse poupe se passe à tribord, par conséquent en dehors de la drosse, pour s'amarrer en abord au vent du bateau.

L'oste est portée au cadenot arrière où, convenablement choquée, elle assujettit l'antenne.

Figure 22

Cette orientation s'appelle *escoto oou ban d'apé* (figure 22).

Les bateaux qui font habituellement la pêche au filet traînant, dit *gangui,* naviguent souvent sous cette allure; ils ont même, dans ce cas spécial, une écoute supplémentaire, dite *pisso oou vén,* au moyen de laquelle ils abraquent le mou de l'écoute fixé au banc, quand le vent manque et larguent ce mou dans la rafale.

Avec vent très frais, on descend l'antenne sur le mât d'une quantité d'autant plus grande que le vent est plus fort. Dans cette manœuvre, on ne touche pas à l'écoute, mais on assujettit l'antenne en raidissant la drosse, le palan de devant, l'orse poupe et l'oste. Cette manœuvre s'appelle *asségura* (asségura l'entenno, la vélo).

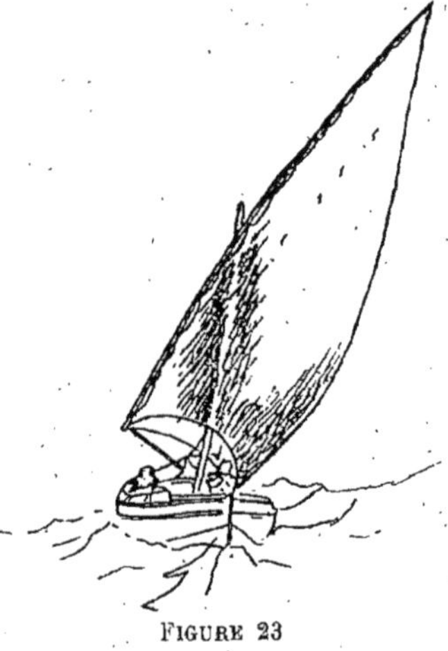
FIGURE 23

A bido, au vent frais, l'orse poupe est en bande, l'écoute peut rester bordée presque à bloc, le devant seul brasse l'antenne, d'autant plus carré que le vent augmente, abaissant ainsi le centre de gravité de la voile (figure 23). Au vent très frais, on *asséguro* un peu on choque l'écoute et on fixe l'oste.

Vent arrière. — Avec faible ou moyenne brise, à la bonne main, comme bido, le palan de devant est établi de façon à brasser carré l'antenne, l'oste ne sert qu'avec la mer.

FIGURE 24

Tout ce qui a été dit pour le largue peut s'appliquer au vent arrière à la bonne main; la seule différence, c'est qu'au vent arrière, on amarre toujours l'oste et que l'écoute est choquée davantage, ainsi que le palan de devant (figure 24).

Le rôle de l'oste au vent arrière, par temps forcé, est d'empêcher la trélouche.

Prendre le vent droit arrière de la chute de la voile s'appelle le prendre à *fiou de rodo;* il faut, dans ce cas, se tenir prêt à la trélouche.

Carguer *(empenna)*

On cargue la voile de trois manières. Par temps calme, on la cargue à demi, en portant simplement l'écoute de la voile à l'extrémité du quart, sur lequel on l'amarre bien souquée par deux demi-clefs. La chute se trouve ainsi raidie contre l'antenne et la voile est pliée en deux parties dans le sens de sa hauteur, dégageant ainsi l'arrière du bateau.

Pour la carguer tout-à-fait, on va sur l'avant du mât, on maintient le quart de la main gauche (si l'antenne est à babord du mât), tandis que la main droite saisit et raidit la chute; puis, au moyen de quelques coups de main, dont la pratique donne l'habitude, on enroule la voile sur elle-même, de telle sorte que la chute reste au centre du rouleau; la main droite envoie ensuite le bas de la voile, toujours roulée par dessus le quart.

Pour plus de précaution, on repasse une seconde fois le bas de la voile, ainsi que l'écoute sur le quart. La voile étant carguée, on choque ensuite le palan de devant pour placer l'antenne dans une position très peu inclinée, afin qu'elle dégage l'avant du bateau.

La troisième manière de carguer est de ramasser la voile en ridant alternativement la bordure et la chute, vers le bas de la penne où un nœud de ganse vient la saisir (Voir hisser).

Amener *(meïna)*

La voile s'amène en choquant le palan de drisse.

Au plus près, l'antenne descend toujours, pourvu que l'orse poupe soit larguée et l'écoute mollie.

Il est préférable d'amener, quand on le peut, *à bonne main*, à cause de la tendance qu'a la voile à s'appliquer contre le mât lorsqu'on va à bido.

Au largue, lorsqu'on amène à bonne main, on doit, pour éviter que la voile ne touche l'eau, souquer sur l'oste qui ramène l'antenne à bord et amasser (*estouffa*) la voile en même temps; mais à bido, avec vent arrière frais, il arrive que la toile colle contre le mât, de telle sorte qu'il faille loffer pour *amener en caisse* (*meina en caïsso*).

Amener en caisse, *meina en caïsso*, c'est amener au vent arrière en se servant, comme au largue, de l'oste pour ramener l'antenne dans l'axe du bateau.

Dans tous les cas, l'oste remplit les fonctions de hale-bas.

Une petite fourche plantée au cadenot arrière sert de support à la penne quand l'antenne est amenée; c'est le *fourcat*.

Prendre des ris

Dans la voile latine, on prend un ris de deux manières.

1° On amène l'antenne et on démarre à la fois les garcettes de la voile, le *bragot* et les veltures ou *ensines* qui lient la croisure de la penne et du quart, et on jumelle à nouveau quart et penne, de façon que l'antenne ait la longueur de l'envergure de la voile à la position du ris que l'on prend. On passe le tirant de la voile dans l'œillet qui termine la bande de ris en repliant sur lui-même le sommet de la voile qui reste serré dans les garcettes supérieures de la penne. Une fois le tirant ridé et les garcettes amarrées, on rétablit le *bragot*, mais pas au même endroit du croisant ; une marque est faite au préalable sur le quart pour la position du bragot à chaque ris. Si on négligeait cette précaution, l'écoute ne viendrait plus border en place et le centre vélique serait porté plus avant du bateau.

On voit que prendre un ris est chose longue pour les bateaux latins qui préfèrent parfois changer de voile, car c'est aussitôt fait.

Si on n'a pas à louvoyer ni à faire du plus près, on prend ce qu'on nomme un *ris forcé*, dans ce cas l'antenne s'amène, mais on ne la raccourcit pas. On frappe précipitamment une ride d'empointure et l'on amarre les garcettes ; si on a le temps on descend un peu le bragot, la voile ainsi diminuée établit souvent assez mal.

En fuyant vent arrière, pour diminuer rapidement la

FIGURE 25

surface de toile, on amène en caisse et on étrangle la la voile au milieu de la penne en y nouant un *matafién* ou de préférence un mouchoir, ce qui risque moins de déchirer la toile. On hisse et on oriente ensuite. Cette manœuvre s'appelle *faïré booufigoun* (figure 25).

Figure 26

Le bas ris, dans le trinquet, se nomme *lou pu bass* ou *tasseïroou de trinquet*, ou simplement *tasseïroou* (figure 26).

Tréloucher

Tréloucher, c'est nous l'avons dit, changer la position de la voile pour la manœuvre du virement de bord.

On trélouche de deux manières, soit de bido à la bonne main, soit inversement de la bonne main à bido.

La trélouche, avec temps forcé, doit être prévue afin d'éviter toute chance d'accident.

Dans la trélouche, l'antenne pivote sur son bragot et la voile, prise subitement à rebours, s'abat d'un bord à l'autre en imprimant une brusque secousse au palan de devant et à l'écoute.

Il y a trois manières d'amoindrir la secousse dans la trélouche.

1° Border à plat;

2° Renverser la voile, la penne en bas, le quart en l'air;

3° Amener l'antenne, virer lof pour lof et hisser à nouveau.

Les deux dernières manières ne s'emploient qu'avec très gros temps.

Le plus souvent on trélouche en accompagnant avec la main la chute de la voile, on choque ainsi par deux fois le palan de devant et l'écoute pour parer à la secousse.

Dans la trélouche, on ne doit larguer complètement l'écoute qu'après le palan de devant et l'orse poupe, car la voile viendrait s'engager sur le mât.

CHAPITRE VII

TERMES DE CONSTRUCTION ET DE MARINE

EN IDIOME LOCAL

PREMIÈRE PARTIE

A

FRANÇAIS	IDIOME LOCAL
About.	*Testo.*
Abraquer.	*Abraqua.*
Aiguilletage.	*Ligaturo, trinquo.*
Aiguillot.	*Aguyo.*
Aller à bonne main (voile latine sous le vent du mât).	*Bouëno man.*
Aller à mauvaise main (voile latine au vent du mât).	*Bido.*
Allonge.	*Estamanaïro.*
Amarre de poste.	*Barbetto.*
Amasser (la voile).	*Estouffa.*
Amener.	*Ameïna.*
Amincir.	*Espigua.*
Ancre.	*Ferré (lou).*

Anguillers. — *Meissouniero.*
Antenne. — *Enténo.*
Arrière. — *Poupo.*
Assujettir (l'antenne). — *Asségura.*
Avant. — *Proua.*

B

Bau. — *Latto, baou.*
Banc du mât. — *Ban d'arboura.*
Banc en arrière du mât. — *Ban d'apé.*
Barre au vent (mettre la). — *Pouja.*
Barre du gouvernail. — *Arjoou.*
Barre sous le vent (mettre la). — *Orsa.*
Bas-ris (de voile latine). — *Tasseïroou.*
Bateau. — *Batèou.*
Bateau à éperon. — *Mourré dé pouar.*
Bâtiment. — *Bastimén.*
Bauquière. — *Sarreto.*
Bette. — *Betto.*
Bette (petite). — *Nègo-chin.*
Bette sans fargues. — *Barquè.*
Bonne main (aller à). — *Boueno man.*
Bonnette sous tangons. — *Escoubo mar.*
Bordage. — *Bordagi.*
Bordage de fil. — *Bordagi dé fiou.*
Bordage extérieur du plan d'une bette. — *Cantié.*
Bordage formant clef. — *Enboun.*
Bordage formant quille d'une bette. — *Maïré.*
Bordage inférieur de la muraille d'une bette. — *Bordagi dé can.*

Bosse debout.	*Barbetto.*
Bouée.	*Boua, gavitéou.*
Bourcet (voile à).	*Velo à tier.*
Boussole.	*Coumpass.*
Bout-dehors.	*Bartalo.*
Bout d'un filin (le).	*Cimo.*
Bout prolongeant l'antenne.	*Espigoun.*
Bragot.	*Brago.*
Braie.	*Pègo.*
Brion.	*Rodo d'avan.*

C

Cabillot.	*Guinçounéou.*
Cablot.	*Vetto.*
Cablot de mouillage.	*Sarti (la).*
Cadeneau.	*Cadéno.*
Caisson ouvert à l'arrière.	*Senoun.*
Calfat.	*Calafa.*
Calfater.	*Calafata.*
Cap de mouton.	*Bigotto (testo de mouar).*
Capelage.	*Capélaji.*
Capion.	*Capien.*
Carguer.	*Carga.*
Carlingue.	*Carlingo.*
Carlinge du mât.	*Escasso.*
Carlingue d'une bette.	*Méoule.*
Chaîne.	*Cheïno.*
Chaloupe.	*Caïquo.*
Chantourner.	*Voougé.*
Chanvre.	*Canubé.*
Chaumard.	*Dén dé foou.*

Chêne blanc.	*Rouvé.*
Chêne vert.	*Chaïné.*
Cheville.	*Per, cavillo.*
Clou.	*Clavéou.*
Coin.	*Cougné.*
Courbe en bois (petite).	*Courbatoun.*
Coqueron (d'une bette)	*Trachaou.*
Cordage.	*Cordagi.*
Cordage en sparterie.	*Caou d'herbo.*
Cordon.	*Redoun.*
Corps mort.	*Cor mouar, booudo.*
Croisement de la penne et du quart.	*Enginaduro.*
Croiser, empater.	*Engina.*
Croix de Saint-André.	*Cabri.*

D

Dalot.	*Régeolo.*
Démâter.	*Désarboura, démata.*
Demi-pont.	*Mié-cuberto.*
Doler.	*Para.*
Drosse.	*Drosso.*

E

Eau.	*Aïgo.*
Ecart.	*Parello.*
Ecarver.	*Entouilla.*
Echancrure d'une voile.	*Allumagi.*
Ecoute.	*Escotto.*
Ecoutille.	*Panéou.*

Empature.	*Escar.*
Emplanture.	*Escasso.*
Enduire la carène de suif.	*Esparma.*
Entaille.	*Enden.*
Enverguer.	*Enverga.*
Eperon.	*Espéroun.*
Episser.	*Emplounba.*
Epissure.	*Emplounbaduro.*
Epontille.	*Pounchié.*
Equerrage.	*Cartaboun.*
Escope à main.	*Sasso.*
Espar.	*Partego, partegoun.*
Est.	*Levan.*
Etai.	*Estraï.*
Etambot.	*Rodo de poupo.*
Etoupe.	*Estoupo.*
Etrave.	*Capién.*
Extrémité d'un cordage.	*Cimo (la).*

F

Fargue.	*Faouco.*
Fargue extrême avant.	*Faoucounéou.*
Femelot.	*Fémèlo.*
Ferrures (de gouvernail).	*Panturo.*
Flottaison.	*Ligno d'aïgo.*
Foc.	*Poulacro.*
Fond de cale.	*Estivo.*
Fond (d'une bette).	*Plan (lou).*
Fraiser.	*Gorbia.*
Fraisure.	*Gorbiaduro.*

G

Gabarier.	*Garbeja.*
Gabarit.	*Garbé.*
Gaffe.	*Ganchou.*
Gaillard, tillac.	*Taoumé.*
Gambier.	*Tréloucha.*
Garcette.	*Matafién.*
Goëlette.	*Gouletto.*
Goudron.	*Quitran.*
Gouttière.	*Trinquénin.*
Gouvernail.	*Timoun.*
Grand largue.	*Gran largo.*
Grappin.	*Ferré* (*lou*).

H

Hache.	*Picosso.*
Herminette.	*Aïsso.*
Herse.	*Brago.*
Hêtre (bois de).	*Fayar ou faou.*
Hiloire d'écoutille.	*Mouisselas.*

I

Itague.	*Flon, aman.*

L

Laisser arriver. Laisser porter.	*Pougea.*

Largue.	*Largo.*
Larguer.	*Larga.*
Lest.	*Sorro.*
Lever l'ancre.	*Sarpa.*
Ligne d'eau.	*Ligne d'aïgo.*
Ligne en coton pour trait de charpentier.	*Lignoro.*
Loffer.	*Orsa.*

M

Mâchoire.	*Dén dé foou.*
Mauvaise main (aller à).	*A bido.*
Massif avant et arrière.	*Massimén.*
Maître-bau.	*Mestré-baou.*
Mât de pavillon.	*Asté.*
Mâter.	*Mata, arboura.*
Membrure.	*Escoua.*
Moque.	*Bigotto.*
Moustache de l'éperon.	*Moustacho.*

N

Nage.	*Voga.*
Nager à l'aviron.	*Voga, rama.*
Navire.	*Bastimén.*
Nœud.	*Nouss.*
Nœud d'agui.	*Nouss dé man.*
Nœud droit.	*Nouss dré.*
Nord.	*Trémoutane.*
Nord-Est.	*Grégali.*
Nord-Ouest.	*Mistraou.*

O

Octogone.	*Yué quin.*
Ouest.	*Pounén.*

P

Palan d'écoute.	*Casse escotto.*
Palan de drosse.	*Angui.*
Palan d'amure.	*D'avant (lou).*
Payol.	*Payoou.*
Penne.	*Peno.*
Pierre ou gueuse tenant lieu de grappin.	*Booudo.*
Poignée de l'aviron.	*Manténén.*
Pointu, aminci.	*Espiga.*
Pont.	*Pouan, cuberto.*
Poulie.	*Poulejo, bousséou.*
Préceinte.	*Ensencho.*

Q

Quart de l'antenne.	*Car (lou).*

R

Raban d'envergure.	*Matafién.*
Raidir.	*Abraqua, cassa.*
Ralingue.	*Ralingo.*
Ralingue de chute d'une voile latine.	*Nervi (lou).*
Refendre une pièce de bois.	*Endarna.*
Règle d'ouverture.	*Badaï.*
Rondelle.	*Roundancho.*

S

Safran.	*Safran, Couet.*
Saisine de l'antenne.	*Engine.*
Scie.	*Serro.*
Scier.	*Sarra, réfendré.*
Seau.	*Bouyoou.*
Sud.	*Miéjou.*
Sud-Est.	*Issuro.*
Sud-Ouest.	*Labé.*
Suiffer la carène.	*Sparma.*
Support des bancs.	*Saretto.*

T

Taille-mer.	*Tayo mar.*
Talon.	*Rodo dé poupo.*
Tarière.	*Véruno.*
Tenon du mât.	*Méchoun.*
Tente.	*Tendo, tendoulé.*
Tillac avant.	*Taoumé.*
Tin.	*Taquado.*
Tirant d'eau.	*Tiran d'aïgo.*
Toile à voile.	*Télo à vélo.*
Tolet.	*Escaoumé.*
Toletière.	*Escaoumièro.*
Tonture.	*Fué, chooulamén.*

V

Vaigre.	*Escoua.*
Varangue.	*Madié.*
Velture.	*Ensine.*

Venir au vent.	*Orsa.*
Vergue.	*Vergo.*
Vireveau.	*Arganéou.*
Voile.	*Vélo.*
Voile latine.	*Mestro.*
Voile latine carguée.	*Vélo empénado.*

Y

Youyou.	*Barquet, négo-chin.*

TERMES DE CONSTRUCTION ET DE MARINE

EN IDIOME LOCAL

DEUXIÈME PARTIE

A

IDIOME LOCAL	FRANÇAIS
Abraqua.	Abraquer.
Aguyo.	Aiguillot.
Aïgo.	Eau.
Allumagi.	Echancrure d'une voile.
Ameïna.	Amener.
Angui.	Palan de drosse.
Argancou.	Vireveau.
Arjoou.	Barre du gouvernail.
Asségura l'énténo.	Assujettir l'antenne.
Asté.	Mât de pavillon.

B

Badaï.	Règle d'ouverture.
Ban.	Banc.
Ban d'apé.	Banc sur l'arrière du mât.
Ban d'arboura.	Banc du mât.
Baou.	Bau.

Barbetto.	Bosse debout, amarre de poste d'une embarcation.
Barquet.	Bette sans fargues, youyou.
Bartalo.	Bout dehors.
Bastimén.	Navire, bâtiment.
Batéou.	Bateau.
Betto.	Bette.
Bido.	Mauvaise main (aller à), voile latine au vent du mât.
Bigotto.	Cap de mouton.
Booudo.	Pierre ou gueuse tenant lieu de grappin.
Bordagi.	Bordage.
Bordagi dé can.	Bordage inférieur de la muraille d'une bette.
Bordagi dé fiou.	Bordage de fil.
Boua.	Bouée.
Boueno man.	Bonne main (aller à), voile latine sous le vent du mât.
Bousséou.	Poulie estropiée en filin.
Bouyoou.	Seau.
Brago.	Bragot, herse.
Brimé.	Filin en sparterie.

C

Cabri.	Croix de Saint-André.
Caïquo.	Chaloupe.
Calafa.	Calfat.
Calafata.	Calfater.
Cantié.	Bordage extérieur du plan d'une bette.
Canubé.	Chanvre.

Caou d'herbo.	Cordage en sparterie.
Capelagi.	Capelage.
Capién.	Capion.
Carelo.	Poulie.
Carga.	Carguer.
Carlingo.	Carlingue.
Cassa.	Abraquer.
Cavillo.	Cheville.
Chaïné.	Chêne vert.
Cheïno.	Chaîne.
Cimo (la).	Bout d'un filin (le).
Clavéou.	Clou.
Cougné.	Coin.
Courbatoun.	Courbe en bois (petite).
Cor mouar.	Corps mort.
Cuberto.	Pont.

D

Dén dé foou.	Chaumard.
Désarboura.	Dématter.
Drosso.	Drosse.

E

Emploumba.	Epissèr.
Emploumbaduro.	Epissure.
Enboun.	Bordage formant clef.
Endarna.	Refendre une pièce de bois.
Enden.	Entaille.
Engina.	Croiser, empater.
Enginaduro.	Croisement de la penne et du quart.

Enténo.	Antenne.
Entouilla.	Ecarver.
Enverga.	Enverguer.
Escart.	Ecart, empature.
Escasso.	Carlingue du mât (emplanture).
Escotto.	Ecoute.
Escoubo mar.	Bonnette sous tangon.
Esparma.	Enduire la carène de suif.
Espéroun.	Eperon.
Espigoun.	Bout prolongeant l'antenne.
Espigua.	Amincir.
Estamanaïro.	Allonge de la membrure.
Estouffa (la velo).	Etouffer (la voile).
Estoupo.	Etoupe.
Estraï.	Etai.

F

Faou (bouas dé).	Bois de hêtre.
Faouco.	Fargue.
Faoucounéou.	Fargue extrême avant dans les bateaux à éperon.
Femelo.	Femelot.
Ferré (lou).	Grappin, ancre.
Floun.	Itague.
Fué.	Tonture.

G

Ganchou.	Gaffe.
Ganse dé man.	Nœud d'agui.
Garbé.	Gabarit.
Garbéja.	Gabarier.

Garbéjagé.	Gabariage.
Gaviteou.	Bouée.
Gorbia.	Fraiser (dans le bois).
Gouletto.	Goëlette.
Gran larguo.	Grand largue.
Grégali.	Nord-Est.
Guinçounéou.	Cabillot.

I

Issuro.	Sud-Est.

L

Labé.	Sud-Ouest.
Latto.	Latte, barrot.
Levan.	Est.
Ligaturo.	Aiguilletage.
Ligno d'aïgo.	Ligne d'eau.
Lignoro.	Ligne en coton pour trait au cinabre.

M

Madié.	Varangue.
Maïré.	Bordage formant quille dans une bette.
Manténén.	Poignée de l'aviron.
Massimén.	Massifs avant et arrière.
Mata.	Mâter.
Matifién.	Raban d'envergure.

Matifién.	Garcette.
Meissouniero.	Anguilliers.
Méoule.	Carlingue d'une bette.
Mestré baou.	Maître-bau.
Mestro.	Grande voile latine.
Mié-cuberto.	Demi-pont.
Miéjou.	Sud.
Mistraou.	Nord-Ouest.
Mourré de pouar.	Bateau à éperon.
Moustacho.	Moustache de l'éperon.
Muda.	Passer l'antenne du bord opposé.

N

Négo chin.	Petite bette.
Nervi (lou).	Ralingue de chute d'une voile latine.
Nouss.	Nœud.
Nouss dré.	Nœud droit.

O

Orsa.	Mettre la barre sous le vent, loffer, venir au vent.

P

Panéou.	Ecoutille.
Panturo.	Ferrures du gouvernail.
Para.	Doler.

Parello.	Ecart.
Partégo-partégoun.	Espar.
Payoou.	Payol.
Pégo.	Brai.
Péno.	Penne.
Per.	Cheville.
Picosso.	Hâche.
Plan.	Le fond d'une bette.
Pouan.	Pont.
Pougea.	Laisser arriver. Laisser porter, mettre la barre au vent.
Poulacro.	Foc.
Pouléjo.	Poulie.
Pounchié.	Epontille.
Pounén.	Ouest.
Poupo.	Arrière.
Proua.	Avant.

Q

Quitran.	Goudron.

R

Ralingo.	Ralingue.
Rama.	Ramer, nager à l'aviron.
Rédoun.	Cordon.
Rén.	Aviron.
Rodo d'avan.	Brion.
Rodo dé poupo.	Etambot, talon.
Roundancho.	Rondelle.
Rouvé.	Chêne blanc.

S

Safran.	Safran.
Saretto.	Bauquière.
Sarpa.	Lever l'ancre.
Sarra.	Scier.
Sarti (la).	Cablot de mouillage.
Sasso.	Escope à main.
Sénoun.	Caisson ouvert à l'arrière des bateaux à éperon.
Serra.	Scie.
Sparma.	Suiffer la carène.

T

Taquado.	Tin.
Taoumé.	Tillac.
Tasseïroou.	Bas ris de voile latine.
Tayo-mar.	Taille-mer.
Telo à vélo.	Toile à voile.
Tendo, tendoulé.	Tente.
Testo.	About.
Testo dé mouar.	Cap de mouton.
Timoun.	Gouvernail.
Tiran d'aïgo.	Tirant d'eau.
Trachaou.	Coqueron d'une belle.
Tréloucha.	Gambier la voile.
Trémountano.	Nord (vent du).
Trinquénin.	Gouttière.

V

Vélo.	Voile.
Vélo à tier.	Voile à bourcet.
Vélo empénado.	Voile latine carguée.
Vergo.	Vergue.
Veruno.	Tarière, vrille.
Vetto.	Cablot.
Voga.	Nager (à l'aviron).
Vogo (la).	Nage à l'aviron.

Y

Yué-quin.	Octogone à huit pans.

Pl. A.

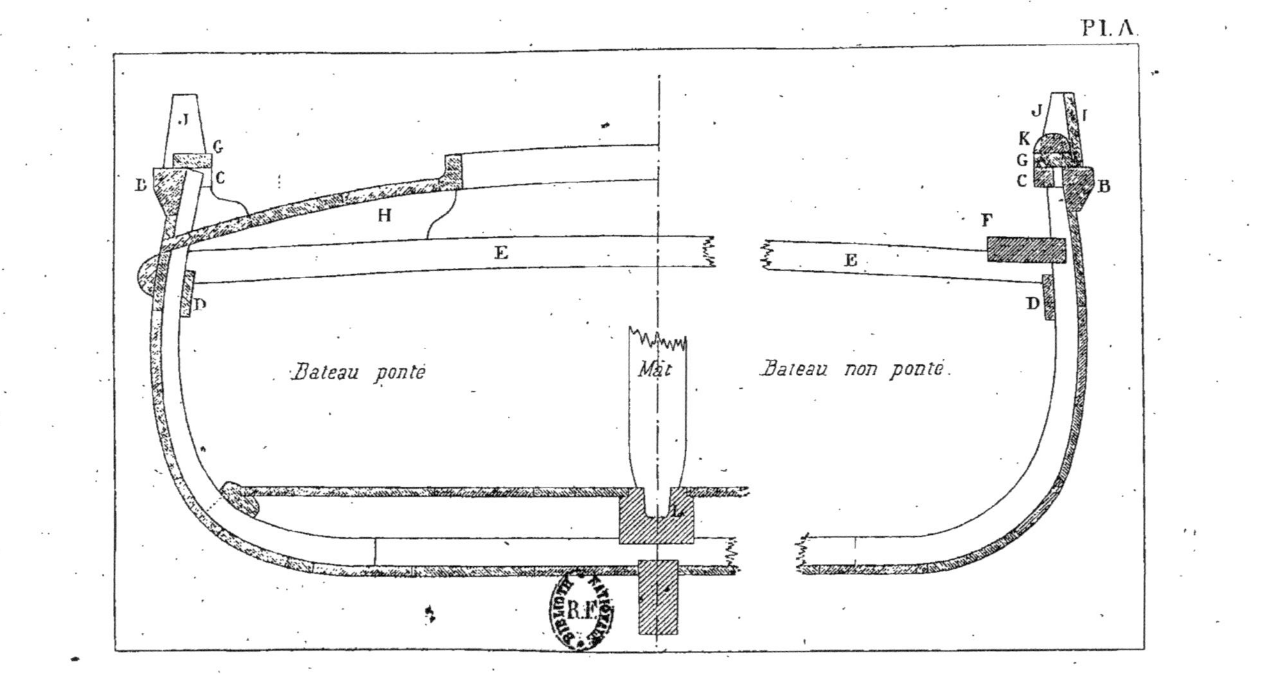

Pl. B.

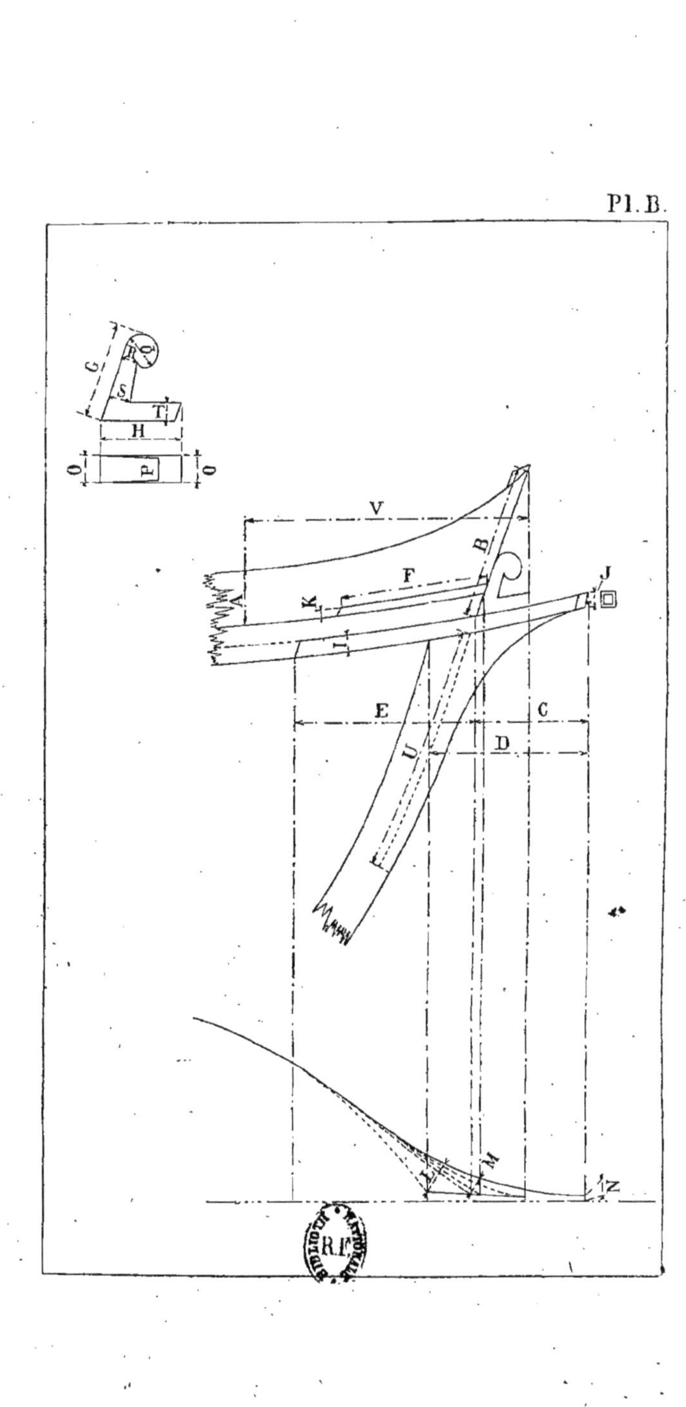

Pl. C.

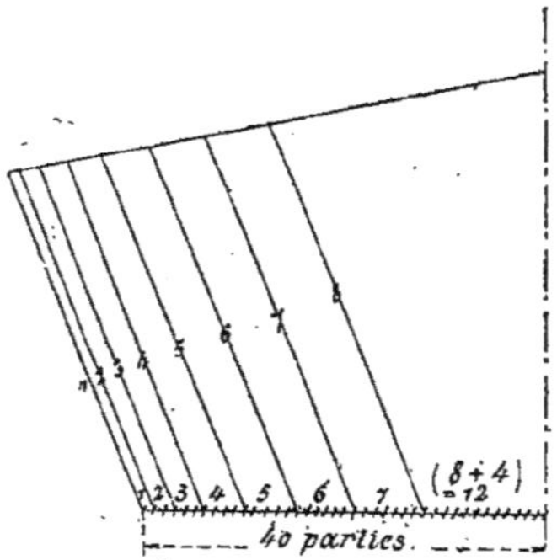

La courbe **ABCD** *est celle qui est obtenue par les divisions egales, de la fig 1 ainsi que par les ordonnees du quart de nonante prises obliquement*

La courbe **AEFD** *est celle qui est obtenue par les ordonnees du quart de nonante prises normalement a la base* **AN**

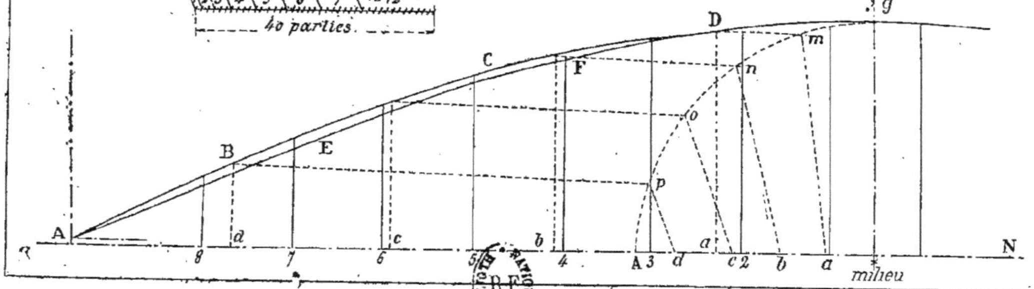

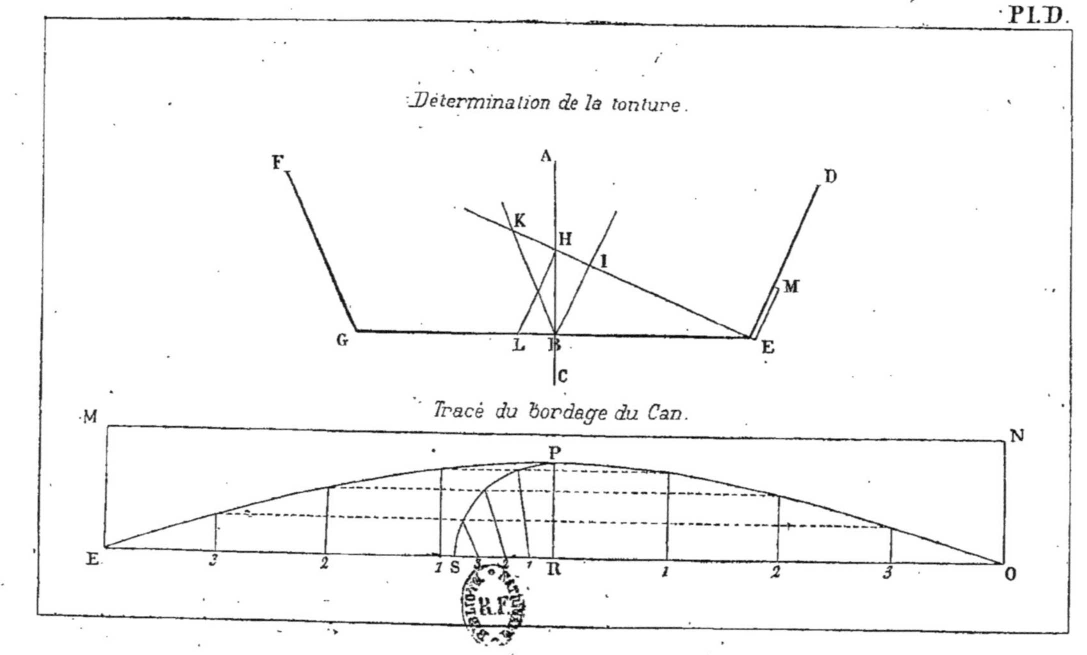
Pl. D.
Détermination de la tonture.
F
A
D
K
H
I
M
G
L
B
E
C
Tracé du bordage du Can.
M
N
P
E
3
2
1
S
3
2
1
R
1
2
3
O

Pl. E

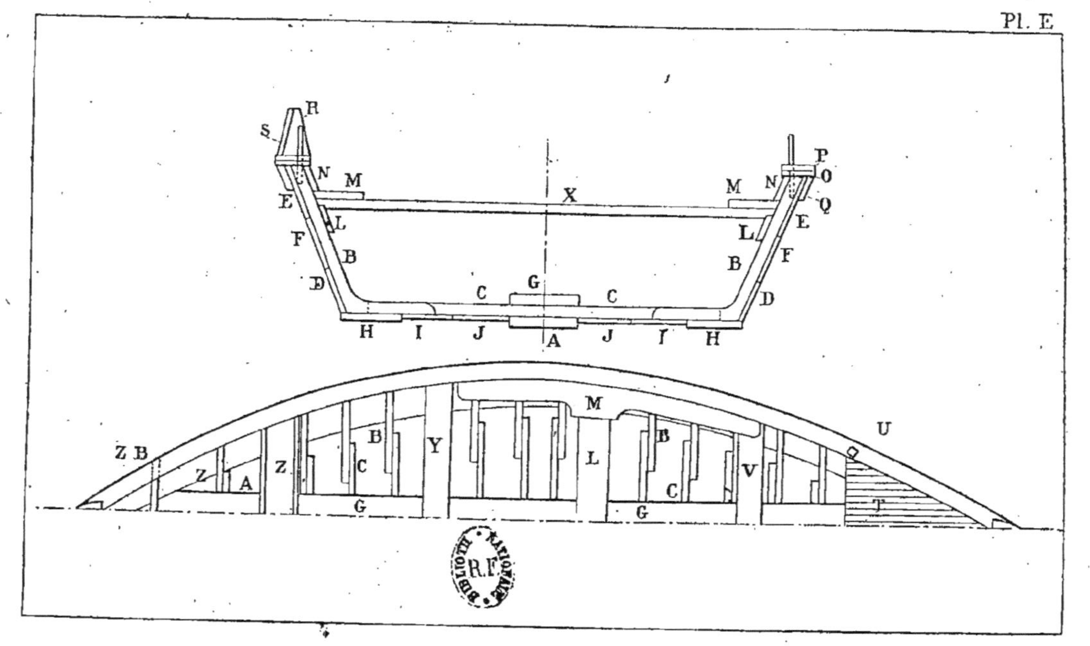

TABLE DES MATIÈRES

CHAPITRE Ier

BATEAUX PROVENÇAUX DITS *BATEAUX A ÉPERON*

A. — **Bateaux de Pêche**

C. — Bateaux à Éperon armés en plaisance

CHAPITRE II

BATEAUX TOULONNAIS DITS *RAFIAUS* OU *POINTUS*

CHAPITRE III

GOURSE

CHAPITRE IV

BARQUETTE

CHAPITRE V

BETTE

CHAPITRE VI

NOTIONS SUR LA MANŒUVRE DES VOILES LATINES

CHAPITRE VII

TERMES DE CONSTRUCTION ET DE MARINE EN IDIOME LOCAL

---

10 mars

ALENÇON. — IMPRIMERIE A. HERPIN

www.ingramcontent.com/pod-product-compliance
Ingram Content Group UK Ltd.
Pitfield, Milton Keynes, MK11 3LW, UK
UKHW021116220726
13924UKWH00004B/1743